全部、山が教えてくれた

—林業のこれから—

高橋正二

幻冬舎ルネッサンス新書

222

目次

山を守る男たち

想い出の多い富士見平林道。瑞牆山をバックにして上司の方々と

（著者20歳の頃）

第一章
森林の本当の価値について

株式会社高橋林業　遠景
（相模原市緑区牧野　地区）

日本人は森林から多くの恵みを受けてきた

私たち皆が暮らしている日本、その国土の２／３は森林です。都会で暮らしている人たちには、それは実感できないかも知れませんけどね。上野駅でも新宿駅でもいいのですが、１時間ほど電車に乗って郊外の駅で降りてみて下さい。駅の周りはどこもかしこも開発が進んでいてコンビニエンスストアなどもありますが、駅から少し離れた地域では緑あふれる田園風景、そしてその背後には木々が生い茂る山々が望めます。始めに私たちは、いかに森林から多くの恵みを受けてきたのか、という話から始めさせていただきます。

都心部でも木造家屋の占める割合はまだまだ高く、日本の気候や風土には木造家屋が合っている、と考えている人たちも結構いますね。その木材を供給してきたのが、森林に他ならない訳です。山から立木を切り出してきた時点では木材、建築用材として製材（加工）された物は材木と呼ぶのが一般的です。かつては東京都内でも町内に一軒くらいは材木屋さんもありましたが、今ではほとんど残っていないようです。残っていたとしてもパネルとか色々な材料を扱う建材屋さんとかに衣替えして、扱う材木も外国産が大半を占めるようになってきました。

　森林の恵みと言えば木材で、あとはキノコ狩りくらい、と思っている人もいるかも知れません。キノコ狩りの話も後で紹介しますが、まずは森林の働きについてお話ししたいと思います。

　例えば、私たちに限らず生物が生きていくには酸素が必要不可欠です。森林は光合成によって地球の温暖化の要因（原因）となっている、大気中の二酸化炭素を吸収して酸素を供給（放出）しています。森林浴という言葉は結構前から知られていますが、森林の中を歩くことで酸素吸入量が増え、細胞が活性化してリラクゼーション効果も得られると言われていて、これらは医学的にも証明されているようです。また、精神的な癒し効果（フィトンチッド）なのかも知れません。

私は少し前に知人からこんな話を聞いたことがあります。前は県内の工業地帯に住んでいたそうですが、息子さんが喘息で苦しんでいて病院に通院していたようですが、同じ県内でも空気が綺麗で水がおいしい相模原市緑区牧野地域に引っ越して来たら、たちまち元気になったという話をしていました。また、別の知人も転居してきて、毎日遠くの山並みを眺めていたら、視力が随分良くなったようだと話されました。

森林は「緑のダム」

また森林は地中に浸透した雨水を蓄える保水能力が非常に高く、

「緑のダム」とも呼ばれています。

　ここ数年、集中豪雨による土砂災害や洪水が多発し大きな被害をもたらした、というニュースが非常に多いように思います。犠牲者も出て大変に痛ましい。けれども森林が適切に管理し整備されていたならば、毎時１００ミリ程度の豪雨でも豊かな森林が雨水を蓄え根が土壌を守りますので、大規模な災害に至らずにすんだ可能性も高いのです（地質によって相違もあります）。逆に言いますと、開発の名のもとに森林を乱伐したり整備を怠ったりしたことで、我々は恐ろしく高いツケを払う羽目になってしまったのです。

　まあ私が声を荒げたところで、生じた被害は戻ることはありませんが。またこんなことを言いますと森林法で保安林（森林）は守られているなどと、反論する人もいるかも知れません。順を追って説明したいと思います。

森林の3分の1は保安林

まず日本の国土の２／３は森林だと申し上げましたが、さらにその１／３以上は保安林です（林野庁、森林・林業白書による）。そして、その内の約半数を国有林が占めていて、面積にしてざっと７６９万ヘクタールです。保安林も実に多種多様で、農林水産大臣が指定しているものが17種類あります（詳細は20ページの一覧表を参照）。このうち代表的なものは水源かん養保安林で水を保つためのもの。どこかのミネラルウォーターのＣＭで「おいしい水を確保するために森林を整備しています」みたいなのがありましたね。

森林が持つ環境とおいしい水との因果関係については、環境省が選定している「名水百選」、そのほとんどの水が森林の中にあることによっても証明されていると思います。

清川村煤ヶ谷地内の現場より
（宮ヶ瀬湖を望む）

　また土砂流出防備保安林も指定されています。読んで字の如くですが、こうした森林を整備することで、たとえ集中豪雨に襲われても土砂災害や山地災害は起きにくくなり、災害により強く、より安全な生活環境を得ることができるのです。

　その水源かん養保安林と土砂流出防備保安林とを合わせると、保安林全体の約９割を占めています。それだけ私たちの生活と密接な関係があり重要視されている訳です。

　珍しい保安林としては魚つき保安林があります。あまり耳慣れない言葉かも知れませんが、海岸の入り江が森林に囲まれていると木陰ができ、落ち葉などが微生物によって分解され、それらの養分や成分が流れ込み、とても暮らしやすい生活環境が作られて、魚類の成長と繁殖を助けているようです。また牡蠣の養殖地で生産性を高め、味も良くするために上流の森林を整備することから始めた、という話が実際にあります。浄化されて養分を豊富に含んだ水が、養殖場に流れ込むことで牡蠣もよく育ち、味もおいしくなるようです。

　他には航行目標保安林もあります。飛行機や漁船等の船舶が港の位置を把握するためのものです。もちろん今では衛星からの電波などで正確に誘導されていると思いますが、パイロットや船乗りにしてみれば、目印、ランドマークですね、そういったもので再確認することによって、安心して航行できるのかも知れません。

山菜やキノコも森林の恵み

　森林にはこのような機能まであるのだ、ということを知っていただきたかったのです。ただこのような保安林（森林）についてはあまり親しみが持てないかも知れませんので、比較的皆さんが関心を持っている山菜採りやキノコ狩りについて、お話をさせて下さい。筍、木の実、これらも森林の恵みのひとつです。

山菜の季節といえば春はフキやワラビが一般的ですが、実は夏から秋にかけて旬とされている様々な木の実やキノコもあります。ツルに小さい実をつけるサルナシは、キウイフルーツと同属で原種だともいわれています。しかもキウイのように表面に毛が生えていないので皮ごと食べることができて、さらに寒さに当たることで、果肉も柔らかくなり甘みも増しておいしくなるようです。これらはかなり高い山に登らないと目にすることはできません。

山林内ではシイタケも見られます。天然のシイタケは泥の香りも強く味はとても濃厚です。山林内の枯れたナラの木に、自然発生したシイタケの菌を採取しそれらを培養して、改良に改良を重ね、原木栽培や菌床栽培などの人工栽培が行われて年間を通して食べられるようになりました。

草《クサ》木《ボ》瓜《ケ》という木の実も採れます。そのまま食べて美味とは言えないのですが、焼酎漬けにすると味も香りも色もよい果実酒として結構楽しむことができて人気もあります。

キノコについては第四章「山の楽しみ方について」で、もう一度詳しく触れたいと思います。

森林の恵みは木材だけではない、ということがこれでお分かりいただけましたでしょうか。

私たちの祖先は自然や森林とともに暮らしてきた、と思われます。先人たちはそれらの恵みを衣食住に活かし、時には台風などの災害に遭い、また夏の猛暑で水が涸れ、大変なこともあったであろうと推測されます。そうした様々な経験を積み重ねたことにより、悠久の昔から森林を大切に守ってきたのだと思えます。

風を防ぐ防風保安林、水を保つ水源かん養保安林、土砂流出防備保安林などは、戦国時代以前から守られてきたように思います。我が国では明治以降も安心で安全な暮らしが営めるようにと、森林を大切に守り育ててきました。

最初の森林法ができたのは明治30年

　国ではそうした森林をあらためて法律で「保安林」と定め、勝手に立木や樹木を伐採したり、また道路をつくり森林を開発するなどの行為を禁じました。もう少し具体的には、明治30（１８９７）年、最初の森林法が制定され、昭和26（１９５１）年に改正されました（林野庁「林政年表」）。もともとの法律はいわゆる盗伐などの罰則規定が中心でしたが、薪泥棒の取り締まりよりは森林資源の有効利用に資する法律に改めるべきだ、ということでもあったようです。そして最終改正はごく最近平成30（２０１８）年です。公益的機能を持った森林の重要性をもっと啓蒙すべきだ、という考えが反映されての改正です。

　たしかに森林法の理念は立派です。しかし立派な法律もきちんとした運用がなされなければ、仏造って魂入れずということになってしまいます。

大切な国土の保全の礎を担う林業の業界は、若い人が少なくなり、たとえ入社しても長続きしないという考えられない状況に陥っています。割に合わない仕事だとも思われてもいるようです。

森林の大切さとともに、このような林業の実態を皆さまに知っていただき、大変だけれども非常に大切でやり甲斐のある仕事だということを、もっと幅広い世代の人たちに知っていただきたいのです。そして、森林と林業について多くの皆さんに、理解してもらえたら嬉しいな、と思っています。

社内での森林測量の勉強会

国有林・民有林別述べ面積

(林野庁ホームページを参考に作成)
(平成30年3月31日現在) (単位：千ha)

保安林種別	国有林	民有林	合計	対全保安林比率(%)
水源かん養保安林	5,700	3,504	9,204	71.1
土砂流出防備保安林	1,079	1,517	2,596	20.0
土砂崩壊防備保安林	20	40	60	0.5
飛砂防備保安林	4	12	16	0.1
防風保安林	23	33	56	0.4
水害防備保安林	0	1	1	0.0
潮害防備保安林	5	9	14	0.1
干害防備保安林	50	76	126	1.0
防雪保安林	0	0	0	0.0
防霧保安林	9	53	62	0.5
なだれ防止保安林	5	14	19	0.1
落石防止保安林	0	2	2	0.0
防火保安林	0	0	0	0.0
魚つき保安林	8	52	60	0.5
航行目標保安林	1	0	1	0.0
保健保安林	359	345	704	5.4
風致保安林	13	15	28	0.2
合計 (延べ面積)	7,276	5,673	12,949	100.0

注1：兼種指定 (同一箇所で2種類以上の保安林種に指定) されている保安林については、それぞれの種別にとりまとめた。
注2：単位未満四捨五入のため、計と内訳は必ずしも一致しない。

第二章

高学歴の人が就職してくるような林業に

山林用モノレール格納庫建設中
（清川村煤ヶ谷　地内）

天候に左右される山の作業

「森林整備作業員では子育てができない」

こう言って辞めていった人がいました。哀しいかなこれが現実なのです。山での作業はとても天気に左右されてしまいます。平地で作業している農業や建築現場、工事現場などと比べてみても、それらとは大きく違うようです。標高の高い山では雨が降り出しそうとか、雷雲が出てきたならば、下山の準備を始めなければなりません。そして高い山では大雨でも、平地では降っていないことが多いのです。また雨や雪が降った翌日は地面が滑りやすく事故につながりやすいため、地面が乾くまでは作業は中止となってしまいます。

いいえ、これは笑い事ではなく地面が濡れていると、事故や災害に繋がる可能性などが高まってしまうのです。

今までの私の経験からすれば、雨ばかりではありません。尾根付近で伐採作業をしていた時のことです。伐採木がもう少しで倒れると思った瞬間に突然、突風が吹いてきて、また元の位置まで立ち上がり、狙った方向とまったく違った方向に倒れてしまいました。幸い事故には繋がりませんでしたが、想像を遥かに超えたできごとで、それ以来、私は恐怖感が先立ちチェーンソーを使っての作業が極端に少なくなってしまいました。

仕事ができないと日給も支払えない現実

また、雨、風、霧、雷、雪などの気象条件により作業が中止となってしまうことも多く、特に梅雨時や台風シーズン、また降雪時期などは何日も休業となってしまうこともあります。そんな時、従業員が会社を辞めてしまわないように会社に引き留めておく、そのこと自体が心苦しくもあり、また切ないのです。これらについて、どうすれば解決できるのかが最大の課題となっています。１ヶ月の内に10日くらいしか働けない月が年間では１ヶ月～４ヶ月間くらいはあります（年によって違いがあります）。

　これらを思うと大手の会社などが新規に参入してくることは至難の業だと、私は思っています。我々の業界全体の体質が変わることも大切ですし、働き方改革、高コストの改善など問題は山積みです。１ヶ月に10日しか働けないとすると、例えばですが１日１万円を支給したとしても10万円です。

　いままでに会社を退職してしまった人たちの、約半数に近い人たちは生活が立ちゆかないことを理由に挙げていました。そのほとんどの人たちは生活費の内訳として、家賃４万円、通信費１万円、電気・水道・ガス代等の光熱費１万円、税金その他の支払いで２万円位は必要となり、食費やガソリン代を含めた車両関連も足りないと口を揃えて話されていました。また「子供を大学や専門学校に通学させるとなると、教育費なども足りない上に、作業自体が典型的な3K（きつい、汚い、危険）ですからねぇ……」と話される方もいたり、それらを退職理由としていた人たちの中には先行き有望な方もいたりして、とても残念無念です。

多くの人が林業から離れていった

また私の友人で、今では山梨県内でも指折りの大きな電気店を経営している友人がいます。彼の実家は林業で、彼自身高等学校を卒業してすぐに父親が経営していた山の仕事を手伝っていましたが、「もう銭金の問題じゃなくてあんな酷い仕事はしたくない」と私にこう言うんですね。夜明け前のまだ暗いうちに家を出て標高1000メートル前後の現場まで機材や燃料、弁当、飲料水など、10キログ

高山の下層植生を「シカ」から守るため防鹿柵設置
（清川村宮ヶ瀬　地内）

ラム以上を背負って現場に着いたらもう昼間です。それから急いでお昼を食べ、昼休みもとらずに大急ぎで１日分のノルマ（小回り）の作業を達成させて、明るいうちに車まで戻らなければならない。暗くなると足元が見えにくくなり事故や災害の確率が高まってしまうので……と話されて、彼はそんな大変さに閉口し林業から離れてしまいました。

　繰り返しになりますが、先ほどの３Ｋに今度は「給料が安い」が加われば４Ｋです。新型テレビじゃあるまいし、誰がそんな仕事するんだ、ということになってしまいます。危険な作業、体張っての作業の割には他産業と比べてみても処遇や待遇等の条件も良くない。だったら他の仕事の方が、ということになってしまいます。このような現状がもう少し何とかなれば……。

　そして山は年間を通して気象の変動や変化（天候や気候）が特別激しい。一時間近くも歩いて現場に到着したところで雨や雪などが

丸太積工
（土壌保全工）

降ってくるとか、何日も作業が中止となった日とかは本当に何とかしてもらいたいです。

支援策とか助成策とか損失の補てんとか、あるいは荒天補償（荒天填補・荒天補填）のどれか、ひとつでもあったなら……。若い人たちも、そして高学歴の人たちも森林整備作業員を、一生の仕事にしてくれるのでは？と私は思ってしまいます。天気の優れない日は仕事になりませんし、日曜日は休みということになると、仕事ができる日は多い月でも19日前後となってしまいます。

このように天気次第で働ける日が左右されてしまうと、経営者としても困ることが多いのです。金融緩和という言葉もよく耳にしますが、タテマエと実態とはかなりかけ離れているようです。銀行の融資担当者の方は林業というだけで1000万円とか、その位までしか融資できないと言うのです。

ですから今度は保証会社まで行って色々と説明もして、お願いもしてみましたがやはり結果は同じ（私は融資するシステムの中で目詰まりを起こしている部分があるように感じました）。これが建設業、建築業だったらどうなのですか？と伺ったところ、ほぼ望み通りに融資できると話されて、私はショックを受けました。林業は天候や気候の変動によって左右される不安定きわまりない業種だ、ということなのかも知れませんが、銀行や保証会社はそのあたりを曖昧にする。これも彼らなりの論理で貸し倒れの危険はなんとしても避けたいということなのでしょうか。百歩譲ってお互いにビジネスなのだ、そこまでは理解できることにしましょう。

　だけれども返済計画や過去の売上なども実績に基づいて信用に足りると思われるものを提出していますし、借り入れたお金の使い道だって全部ガラス張りです。それでも林業は……という扱いを受けてしまいます。第一次産業である林業は特別厳しいように思えてならないのです。悔しいですね、本当に悔しいです。

銀行や保証会社がそういった感覚ですから役所は推して知るべしです。作業道、作業路などの、丸太筋工、丸太柵工、それと石積み工や、かご枠工、コルゲート組立工等々の工事の発注に関しては、これらは林業ではなく、土木の範疇だというような言い方をしてきます。我々も免許や資格、技術は持っているのにとても残念で胸も、そして心も傷つきます。

「山師」の手数料

もうひとつ知っていただきたいことがあります。我々は山師と呼んでいますが、山での仕事には口利きだけの業者もいます。彼らはそれなりに山での仕事に必要な免許や資格、実績などもあるのかも知れませんが、林業の実務経験などまったくない方たちで、とにかく安い金額で落札してしまい実際の仕事をこちらに回してくるというケースです。仕事を回したのだからと、その請負金額から会社の経費だ、と言って2割分のお金を抜いてしまうのです。

例えば本来は３０００万円は支払ってもらわないと引き合わない、そういった仕事を２０００万円位で落札しておいて2割も抜いてしまうのです。２０００万円の2割ですから４００万円ですか、それらを抜いた残りの１６００万円で仕事をしてほしいと言うんですね。ケース・バイ・ケースなのかも知れませんが、その仕事を回してもらわないと会社が止まってしまい、毎月の給料や諸経費を支払う事がまったく出来ない状況なども実際にあったりして、赤字覚悟で請負うこともあります。会社を回して、経営を続けてゆくということは、本当に大変なことなのです。痛し痒しです。

私は株式会社高橋林業を20年ほど前に3人で立ち上げましたが、初年度の売上はたしか１５０万円ほどでした。１人分の生活費にも足りませんね。でもそこから営業努力を重ね、今では従業員12人で、下請会社は2社~5社で年商は1億8000万円くらい、もうすぐ2億円に手が届くというところまで伸びてきました。創業当時と比べてみても100倍以上となって、正直会社を立ち上げた当時は1億8000万円の売上だ、なんてとても想像も出来ませんでした。

それと「社長さん」という言葉は、とても響きのよい言葉で、そういう立場に憧れる若い人たちも多いのかも知れません。昔風の言葉ですけど一国一城の主ということになるのでしょうか。でも現実はそんなに甘くないのです。

考えても見て下さい。社長という者は、従業員とその家族の生活もありその全てを負っている立場なのですから。そして1億8000万円くらいの売上があるといっても、税金など色々含めると2500万円以上払わないといけない。そして天候や気候に大きく左右される仕事だと前述いたしましたが、会社にお金が入ってこない間も、給料の支払は発生してきます。その上で雇っている側が最低保障をしなければなりません。

なぜ保障するのかって？　前にも述べた通り以前は最低保障をしていなかったので、家計のやり繰りがつかないので退職してしまう従業員が、とても多かったように思います。ですが今ではそういう若者はまったくいませんし、伸び伸びと頼もしく大きく育っているように、私の目には映ります。とてもステキなことですし、大変良いことだとも思っています。給料の最低保障は従業員の生活の安定と、若者たちを育てるという観点からも不可欠となるような気がしています。

金融機関が林業にも公平に運転資金を融資していただけたならば、厳しい時期でもなんとかして、やり繰りもつきますが、前述のような状況ですので私は自宅に抵当権を付けて資金を工面し、会社を続けているのです。業界では上位を争う会社の経営者だと言ったところで、内情はこんなものです。社長のシンボルはシワとハゲ、と言った人もいるそうですが、案外その苦労を考えると言い得て妙なところがあるのかも知れません。

税金と給与の他に設備投資も社長の大事な仕事です。我が社では機械も最新の物を導入していますし、従業員全員にパソコンなども持たせ、ＩＴを活用した森林の管理という事業形態を定着させようと取り組んだりもしています。

最新の機械はご多分に漏れず、軽くて効率も良い。ストレスなく使うことができて、作業などの負担軽減にも繋がっています。そのようにして負担を軽減し脱４Ｋを目指す、そういう方向に林業を変えていき、ＩＴなどの活用もそうなのですが、できるだけクリエイティブな仕事に変えていきたいのです。

我が社には大学を中退した従業員はいますが、大学を卒業した者はいません。私は半世紀以上この業界にいますが、高学歴の方で森林整備作業に従事している方に出会ったことは本当に少ないです。

「林業のこれから」は学歴優先だとか、そんなことを言っている訳ではありません。

官公庁でも、大手の会社や銀行、マスコミでもいい、そういった企業から引く手あまたのような人たちが、一生の仕事の選択肢のひとつとして森林整備作業員を候補に入れてもらえるような、そんな魅力のある林業であってほしいのです。またそうでなくてはいけないと、私は思っています。

林業がいかに大切なのかは前述させていただきましたが、警察官や自衛隊員と同様、我々林業従事者も、いわゆる防衛力とは違った意味で国土の保全の礎と国民の暮らしと生命財産を守る、その点では繋がっているように私には思えます。そして我々林業従事者も必要不可欠で「国土保全官&県土整備隊」なのかも知れません。この点に関しては何度でも強調させていただきます。

ですが林業従事者は１９８５年をピークとして減少の一途を辿っ

ています。今や最盛期の1／3とも、それ以下だとも言われていま
す。森林は日本の国土の約70パーセントを占めているのです。林業
従事者約4万5千人で日本の国土の保全を守れ、と言うのは少し無
理があるようにも私には思えますが、皆さんはどう思いますか。で
きるだけ早く30数年前と同じ（12万6千人以上）になるように、国
も県もそして市町村と私たちも、もっともっと努力する必要がある
ように思います。またこれは林業だけの問題ではありませんが、林
業従事者の高齢化にも歯止めがかかりません。

林業が完全に滅ぶ時は、日本が滅ぶ時。

逆に、日本の再生は、林業の再生から。

そのためには何よりも、業務の実態を変えていかなければならな
いと考えています。請負金額から消費税、諸経費を引いて人件費を
算出します。危険な場所や慣れない現場での作業では、ほとんどの
工事現場で足が出てしまいます。

その結果として1日当たりの支給金額は1万2000円前後となっています。これらの金額はどこの林業会社であっても、現状ではそんなに大きな違いはないと思います。設計書に使用されている特殊作業員の単価はもっともっと高額で、一人一日当たり2万4900円（神奈川県の労務単価）なのですが、どうしても設計人工数に対して実際に現場で作業に従事した作業員（実労働者）数の方が多くなってしまう傾向があり、前述した支給金額になってしまいます。

会社を任せられている私の立場としても非常に心が痛みますし、また頭も痛い問題です。従業員に払う支給金額が少な過ぎて誠に申し訳ないと常に思っていますが、誰か妙案があれば教えてほしいのですが……。

選木を指導する著者
(相模原市緑区牧野　地内)

第二章 山で働くということ

土壌保全工、丸太積工
（山北町玄倉　地内）

神奈川県相模原市

私の人生は山とともにありました。

私が生まれ育った神奈川県相模原市では、半世紀以上前ですと公園さえなかった。そして相模原市と言っても実家は山の方ですから、その頃は学校が終わると友だちとよく遊びに行っていました。山が遊び場であり公園の代わりだったのです。私はそれらと触れあうことで、情緒豊かさなどは山から学んだような気がしています。それと昔は山林の手入れも農家の大事な仕事のひとつでした。下草を刈って堆肥や飼い葉として利用したり、枯木や倒木は薪にしたりと、そういう具合に利用していました。

ですから私にとって自然な成り行きで、中学校卒業後は箱根町畑宿にあった全寮制の旧神奈川県立愛林青少年訓練所に入所して、本科1年、本科2年、そして研究科1年を修了した時、ちょうど様々な学制が変わる過渡期でもあったのかも知れません。4年目は厚木市七沢に新しくできた旧神奈川県立林業研修所に移ることになり、そこで特別研究科の授業と実習を受けて全課程の4年間を修了しました。それと同時に神奈川県立湘南高等学校通信制普通科も卒業することができました。今となっては県立湘南高等学校に毎週日曜日にスクーリング（面接授業）を受けに、通学したことなどが懐かしく想い出されます。

神奈川県の横須賀市にある自衛隊の少年工科学校、今では高等工科学校と呼んでいますが、そういったシステムの走りだったのかも知れません。当時はまだまだ林業は良い仕事だと言われていた時代で、国や県、市町村でも林業を学んだ人材を求めていました。私自身、山梨県庁に入庁し公務員になったわけですが、林業技術職ということなので、事務所に座っている時間など、ほとんどありませんでした。半世紀以上前の事ですが、毎日山林や森林内で測量や調査などの作業をして、その合間を見て製図台に向かって図面を引き、また机に向かって設計書などを作成していました。

林業技術職として山梨県庁に入庁

神奈川県と山梨県とは隣どうし、と言えばそうなのかも知れませんが、心理的な距離はずいぶんあったように思います。親戚もいないし知人もいませんでした。１人で甲府の街に最初に足を踏み入れた時の感想は、ああ、遠いところに来たなあという印象で、決して住みにくい街ではなかったと思いますが。自分からよそ者意識を持ってしまったような部分があったのでしょうか。

半世紀以上前の話になりますが、父親が車がないとなにかと不便だろうと言って、飼っていた牛を売って新車を購入して下さいました。その当時の甲府市内はほとんどの車が山梨ナンバーで、相模ナンバーの車に乗っている人は私くらいでしたね。相模（さがみ）を「すもう」と読み間違えられたのも、山梨県内ではそれだけ珍しいナンバーだったからなのかも知れません。今では中央自動車道も繋がって自宅から甲府市まで車で55分くらいですが、当時は田舎のでこぼこ道で1時間45分くらい、かかったように思います。当然実家からの通勤は無理ですから甲府市内に住みました。

神奈川県立湘南高等学校を卒業して、山梨県庁に入庁し約30年間勤務しました。「一番印象に残っていることは」と聞かれますが、22歳の時に父親を事故で亡くしたことだ、と私はいつもそう答えるのです。「行ってくるよ」と元気に出かけそのまま帰ってこなかった。人間の一生なんて本当に儚いものだと思いました。その頃父親は、家を新築していて完成する前に亡くなってしまいました。私も若かったもので心労が積もり、病院に入院したことなどが想い出されます。

これからどうしようかと家族一同途方に暮れていたのですが、上司の方々が同情して下さいまして、それなら実家から通勤できる大月市内の大月林務事務所に異動すれば良いと、転勤させて下さいました。ですから私の仕事の上でも大きな転機となったことは間違いないのです。それと30歳を過ぎた頃より、林業はこのままではいけないという思いが芽吹いてきました。日本の林業が全体で苦しくなっていった時期でもあったようです。そして山梨県ならではの特殊事情もあり、農家ではモモやブドウ、そして甲州ワインなどの名産品を生み出す努力を続け、県では道路をどんどん作って観光客を呼ぼうとしていました。武田信玄の時代から温泉は豊富でしたので、リゾート開発などにも力をいれていたようです。山なんて邪魔だと言わんばかりのようでした。私は職業柄一貫して林業をバックアップする、という立場で仕事をしていました。

会社設立、町議にも当選

49歳の時、一念発起して山梨県庁を退職しました。退職すると言い出した時には、それは上司や同僚は猛反対。やはり公務員は定年まで勤めることが大前提で、人事の計画等が進められていたようです。

だけれども高橋林業を創業し町議会議員になりたいということは、もはや人生の目標と定めていたので退職する、という意志に変わりはありませんでした。そして地元で町議会議員の選挙に立候補すると同時に、高橋林業を立ち上げました。自ら会社を起業することも町議会議員になることも、日本の林業を少しでも良くしたいとの想いからです。

私のような者が町議会議員になったところで、行政がすぐに変わるという訳ではありませんが、誰かが声を出していかなければ何ひとつ変わりませんから。

そして高橋林業創業と同時に町議会議員にも当選できました。大勢の皆様のご支援をいただけた結果でもあります。今でも本当に感謝をしています。また、すぐに南都留森林組合に参事として採用もしていただけました。

山梨県庁を49歳で退職したというのは、19歳で入庁して30年という節目の年でもあり、それと以前に、元と前の2人の藤野町議会議長が、「町議会議員は50歳前に出馬した方が良い」と言うアドバイスを下さっていたのです。そして私が49歳になり、その言葉の最後のチャンスとなる、町議会議員の選挙も偶然というか、たまたまあったからです。その言葉の深みと、重みの意味が今日少しずつ理解できるようになってきています。

それと30年間の習慣というものは大変なものでして、退職してからも、しばらくは朝6時に目が覚めるんです。そしてズボンまで穿いて、さあ行くぞ、というところでああ俺はもう退職したんだ、と気持ちを入れ直すことが何度もありました。それは、それとして人生の目標に近づく大きな決断でもあったように思います。

私は神奈川県立林業研修所を修了して、その後、約30年間林業に関わる行政の一端を担ってきたので、この分野では誰にも負けられないという自負もありましたが、森林組合の参事の職責を担うなかで、新たに学んだ事も多かったですね。特に資金繰りについてはとても勉強になり、現在でもそれらを活かして仕事をしています。また、その当時の社会保険労務士さんに、福利厚生の専門的な事柄についてご教示を賜り、それらも結構参考になっています。

30種類に及ぶ免許、資格や講習

林業に携わるには基本的な道具のひとつとしてチェーンソーが挙げられますが、山の仕事で使用する際には18時間の講習が義務づけられています。それと丸太を搬出するのに、ワイヤーを張る作業では国家資格の免許が必要ですし、森林整備作業員として従事するには、約30種類ほどの免許や資格、そして講習なども受講した方が良い事などが少しずつ分かってきました（61ページの一覧表参照）。また、林業技士（公的資格）は受講（受験）資格として、14年以上の実務経験が必要となってきます。

株式会社高橋林業は高齢者の雇用促進に応えていない、と言われる方もいますが、先にこうした資格の実態について知ってほしかったのです。例えば、新人が50歳で入社したとします（以前に森林整備作業に従事した経験（職歴）がある方は別です）。仕事をするのに必要な免許や資格などを取得していただくとしましょう。ですが、我が社の就業規則・規定の第3章第4節、定年及び退職（定年等）第50条では60歳が定年の年齢となっています。例えば50歳の方を採用しても残りの勤続年数が10年では、免許や資格などを取得している途中で定年退職となってしまい、決して会社の為になる（貢献する）とは言えないのです。

実際問題として直近の9年間で、従業員にできる限りの免許や資格を取得してもらうのにかかった費用は、ざっとですが9人で3500万円以上となっています。皆さん驚かれると思いますが、これは本当のことです。免許や資格を取得してもらうには日給や受講料のほかに、旅費や事務費等関連経費も必要となり、それらを含めるとそうなってしまいます。林業は皆さんが考えている以上に従業員の教育に多額のコストがかかってしまうのです。もちろん補助金や助成金なども最大限に活用させてもらっていますので、全部が全部会社の負担ではないのですが。

どうしてそこまでするのかと問われると答えは簡単です。手間やお金を惜しんで（免許や資格を取得（習得）しないで）作業をしてもらうと、事故や災害に直結してしまう可能性が、とても高くなってしまうのです。

言うまでもなく、免許や資格を取得すればその作業がきちんとできるのかどうかと問われると、それはまた別の問題となってきます。例えばチェーンソーの講習を18時間受けて無事に資格を取得したとしましょう。それで次の日から森林に入って先輩たちと同じように立木や樹木が切れますか、という話です。

ただ、自分は有資格者だという自信と自負を抱いて作業することが出来れば、決してマイナスには作用しません。それがとても大事なことなのです。現在、我が社には3人の林業技士の資格保有者がいます。この林業技士は国内、県内の林業業界の中でも保有率はそれほど高くはないと思っています。

林業技士の資格を取得しますと、講師として講義、講演会など林業全般に渡り指導や助言ができますし、具体的には、森林計画や造林等の計画書を作成したり、また作業道や作業路の計画立案、設計積算と施工までを幅広く任せることができます。

神奈川県の資格としては次の二つの資格があります。

一つ目は「流域森林管理士」です。この資格は、地域の森林づくりを総合的にマネジメントできる知識や技術を身につけた指導的人材を育成するためのものです。この資格保有者は6人いて、この資格取得を目指して猛勉強している人もいます。

二つ目は「森林整備基本研修」で未来の主任技術者にふさわしい、人材の育成を目的として開講されています。この資格については全員が受講を修了していますので全国の林業業界の中でも資格保有率は高い方だと思っています。逆に言いますと林業従事者の免許や資格の保有率はそれほど高くない、という現実があるようにも思えます。最初に述べたように天候や気候のせいであれ、免許や資格取得そして講習会等のためであれ、現場に出る時間を減らされると、そのまま収入減になってしまうというシステムのせいだったのです。業界の体質と言えばよいのでしょうか。

林業従事者は一朝一夕には育たない

元号が令和に変わった直後の10連休で、これでは生活できなくなるという声が、労働弱者の間で多く聞かれたように思います。林業従事者も年間を通してそうした問題に直面していたのです。林業は屋外（室外）の仕事ですので、天気や様々な条件によって作業が左右されてしまい、不安定極まりない仕事なので、生活の不安が常につきまとってしまうのです。

経営者の立場からも、こういうことが言えます。実際に、東南アジアからの実習生に働いてもらうことで、人件費を安くあげている会社も存在します。ですが多くの実習生たちは山林内でチェーンソー等の機材・器具を持って山腹や傾斜地を歩くこと、そのこと自体が大変な労力となっていて、作業どころではないように、私の眼には映ります。林業は長い年月の間に様々な経験や体験を通して一人前になってゆく匠の技を必要とする仕事なのですから一朝一夕にはいきません。

手順などを間違えれば事故や災害に繋がる可能性も高まってしまいます。もしもそのようなことになれば会社の信用などもなくなって、これでどうして会社のためになると言えるのでしょうか。そして我が社がどうして資格取得にそこまでこだわるのか、もう少し説明させていただきたい。

車の免許を取得するにはお金や時間もエネルギーも必要です。だからと言って無免許運転が許されますか、という話です。有資格者を育てることで、中長期的には我が社のみならず日本の林業全般、全体に貢献できるのでは、との思いからです。我が社は森林整備や立木を切って丸太を運び出す技術だけではなく、パソコンを使って図面を引いたり、コスト計算もできるように教育もしています。

こうしたスキルアップと仕事とを両立させるための環境は、雇っている側が整えていかなければなりません。もちろん企業努力だけでは本当に限界があります。助成策や支援策のようなシステムは拡充してもらえたら助かります。これらについては期待を込めて、書かせていただきました。

これには2つの意味がありましてね。会社の負担を軽減できるというのもそうなのですが、免許や資格を取得してもらうために会社のお金だけではなく、税金まで使っているのだ、ということで勉強するモチベーションを上げて。その上で免許・資格、講習などをひとつでも多く取得（習得）してもらうことが、林業での死傷年千人率を引き下げる要因になってくるのでは、と私は思っています。平成25年度では、死傷年千人率が全産業の平均で2・3、林業は28・7となっています（厚生労働省資料より）。他産業と比べて10倍以上も死傷の割合が高いのです。驚くべき数字でもあります。いずれにしても林業に従事する者であれば30種類以上ある免許や資格そして講習をひとつでも多く、一日でも早くそれらを取得してもらうことが、事故や災害を激減させる一因となっていることで間違いないと、私は考えています。「気を付ければ大丈夫」「少しぐらいは大丈夫」が災いの元になっているようです。

　今日、我が社の従業員は20～30代が中心で、各自のデスクの上にパソコンが1台ずつあります。もっとクリエイティブな仕事にしたいとの想いから、そのような取り組みなども試みてきました。

高学歴を持った若者たちが、森林整備作業員を一生の職業として選んでもらえたらとも発言してきましたが、何の努力もしないでそのような夢物語を口にしてはいけません。日本の林業の100年先を見据えれば、若者たちに免許・資格、講習などをひとつでも多く取得してもらうことが不可欠となってくるでしょうし、日本の林業はそうした人材を必ず求めてくるはずです。手入れの行き届いた森林とそうした山を維持管理できる人材が育てば自分の人生は間違ってなかったと言えるでしょうが……それで十分です。

山とともに生きた人生、まだ100パーセントの満足は得られていませんが、色々な意味で間違ったことはしてこなかったという自信があります。

山の仕事に必要な免許・資格

令和2年8月現在

No.	資格名	課程
1	伐木等の業務に係る特別教育（小径木）	令和2年8月1日より、「チェーンソーによる伐木等特別教育」に統合。9時間の学科、9時間の実技を受けた者に教習機関等から修了証が与えられる
2	伐木等の業務に係る特別教育（大径木）	
3	刈払機取扱作業者安全衛生教育	5時間の学科、1時間の実技を受けた者に教習機関等から修了証が与えられる
4	かながわ森林塾「森林整備基本研修」	神奈川県の森林整備業務を行うために必要。5日間の研修後、神奈川県から修了証が与えられる
5	林業作業士（フォレストワーカー）	緑の雇用3年間修了後、研修実施機関から修了証が交付される。申請により農林水産省が備える研修修了者名簿に登録される
6	流域森林管理士	県の森林整備業務の主任技術者または現場代理人の経験を3年以上要する。4年間の間に74日間の研修と「※1必要な全ての免許、資格」を4年間で取得すると流域森林管理士として神奈川県知事より証明証が与えられる
7	林業技士	実務経験が14年以上必要。レポートを提出し合格した後4～5日間のスクーリング研修を受けた後学科試験があり合格者（60点以上）のみに林業技士として登録証が与えられる
8	技術士	森林部門の高度な専門的知識が必要。筆記試験・口述試験に合格した者は国に登録手続きを行い資格が与えられる
9	普通自動車免許	MT車（マニュアル）の免許を取得したほうが良い。学科教習26時間、技能教習34時間（最短）の教習を受け学科試験、技能試験に合格した者に都道府県公安委員会から免許が与えられる
10	大型自動車免許	最大積載量6.5t以上のトラックなどの運転に必要。学科教習5時間、技能教習26時間（最短）の教習を受け学科試験、技能試験に合格した者に都道府県公安委員会から免許が与えられる

山の仕事に必要な免許・資格

令和2年8月現在

No.	資格名	課程
11	大型特殊自動車免許	車両系建設機械などを公道で運転するために必要。学科教習20時間、技能教習46時間(最短)の教習を受け学科試験、技能試験に合格した者に都道府県公安委員会から免許が与えられる
12	普通自動二輪免許	学科教習26時間、技能教習19時間(最短)の教習を受け学科試験、技能試験に合格した者に都道府県公安委員会から免許が与えられる
13	車両系建設機械(整地・運搬・積込み用及び掘削用)運転技能講習	13時間の学科、25時間の実技を受け修了試験に合格した者に労働局長登録教習機関から修了証が与えられる
14	不整地運搬車運転技能講習	7時間の学科、4時間の実技を受け修了試験に合格した者に労働局長登録教習機関から修了証が与えられる
15	荷役運搬機械等によるはい作業従事者に対する安全教育	5時間の学科を受けた者に教習機関等から修了証が与えられる
16	はい作業主任者技能講習	12時間の学科を受け、修了試験に合格した者に労働局長登録教習機関から修了証が与えられる
17	地山の掘削及び土止め支保工作業主任者技能講習	3年以上の実務経験を要する。17時間の学科を受け修了試験に合格した者に労働局長登録教習機関から修了証が与えられる
18	木材加工用機械作業主任者技能講習	3年以上の実務経験を要する。16時間の学科を受け修了試験に合格した者に労働局長登録教習機関から修了証が与えられる
19	安全衛生推進者養成講習	10時間の講習を受けた後、教習機関等から修了証が与えられる
20	普通救命講習	3時間の講習を受けた後、消防長が発行する修了証が与えられる
21	モノレール取扱主任者講習	メーカー所定の講習を受けた後、モノレール工業協会会員メーカーから修了証が与えられる

木材搬出等に必要な免許・資格

令和2年8月現在

No.	資格名	課程
1	小型移動式クレーン運転技能講習	学科13時間、実技7時間を受け修了試験に合格した者に労働局長登録教習機関から修了証が与えられる
2	玉掛け技能講習	学科12時間、実技7時間を受け修了試験に合格した者に労働局長登録教習機関から修了証が与えられる
3	フォークリフト運転技能講習	学科7時間、実技24時間を受け修了試験に合格した者に労働局長登録教習機関から修了証が与えられる
4	車両系木材伐出機械（伐木等機械）運転特別教育	6時間の学科、6時間の実技を受けた後、教習機関等から修了証が与えられる。運転できる機械：（ハーベスタ・プロセッサ・フェラーバンチャ・木材グラップル機・グラップルソー）講習にてどの機械を使って修了しても他の機械も運転可能
5	車両系木材伐出機械（走行集材機械）運転特別教育	6時間の学科、6時間の実技を受けた後、教習機関等から修了証が与えられる。運転できる機械：（フォワーダ・スキッダ・集材車・集材用トラクター）講習にてどの機械を使って修了しても他の機械も運転可能
6	車両系木材伐出機械（簡易架線集材装置等）運転特別教育	6時間の学科、8時間の実技を受けた後、教習機関等から修了証が与えられる
7	機械集材装置の運転業務に係る特別教育	6時間の学科、8時間の実技（ワイヤーロープの取扱いの実技を含む）を受けた後、教習機関等から修了証が与えられる
8	林業架線作業主任者	筆記試験に合格すると取得できる。（※1　学科50時間、実技50時間を受け学科試験を合格（60点以上）した者に都道府県労働局長から免許が与えられる）
9	林内作業車使用集材作業安全教育	6時間の学科を受けた後、教習機関等から修了証が与えられる

流域森林管理士に必要な免許・資格

令和2年8月現在

No.		資格名	課程
山の仕事に必要な免許・資格	1	伐木等の業務に係る特別教育（小径木）	令和2年8月1日より、「チェーンソーによる伐木等特別教育」に統合 9時間の学科、9時間の実技を受けた者に教習機関等から修了証が与えられる
	2	伐木等の業務に係る特別教育（大径木）	
	3	刈払機取扱作業者安全衛生教育	5時間の学科、1時間の実技を受けた者に教習機関等から修了証が与えられる
	13	車両系建設機械（整地・運搬・積込み用及び掘削用）運転技能講習	13時間の学科、25時間の実技を受け修了試験に合格した者に労働局長登録教習機関から修了証が与えられる
	14	不整地運搬車運転技能講習	7時間の学科、4時間の実技を受け修了試験に合格した者に労働局長登録教習機関から修了証が与えられる
	15	荷役運搬機械等によるはい作業従事者に対する安全教育	5時間の学科を受けた者に教習機関等から修了証が与えられる
	20	普通救命講習	3時間の講習を受けた後、消防長が発行する修了証が与えられる
木材搬出に必要な免許・資格	1	小型移動式クレーン運転技能講習	学科13時間、実技7時間を受け修了試験に合格した者に労働局長登録教習機関から修了証が与えられる
	2	玉掛け技能講習	学科12時間、実技7時間を受け修了試験に合格した者に労働局長登録教習機関から修了証が与えられる
	4	車両系木材伐出機械（伐木等機械）運転特別教育	6時間の学科、6時間の実技を受けた後、教習機関等から修了証が与えられる。 運転できる機械：（ハーベスタ・プロセッサ・フェラーバンチャ・木材グラップル機・グラップルソー）講習にてどの機械を使って修了しても他の機械も運転可能
	5	車両系木材伐出機械（走行集材機械）運転特別教育	6時間の学科、6時間の実技を受けた後、教習機関等から修了証が与えられる。 運転できる機械：（フォワーダ・スキッダ・集材車・集材用トラクター）講習にてどの機械を使って修了しても他の機械も運転可能
	6	車両系木材伐出機械（簡易架線集材装置等）運転特別教育	6時間の学科、8時間の実技を受けた後、教習機関等から修了証が与えられる
	7	機械集材装置の運転業務に係る特別教育	6時間の学科、8時間の実技（ワイヤーロープの取扱いの実技を含む）を受けた後、教習機関等から修了証が与えられる
	8	林業架線作業主任者	筆記試験に合格すると取得できる。 （※1　学科50時間、実技50時間を受け学科試験（60点以上）を合格した者に都道府県労働局長から免許が与えられる）

※1　林業架線作業主任者講習　実施県：山梨県ほか

林業を目指す若者に講義する著者

モノレール格納庫
（清川村煤ヶ谷　地内）

新入社員の指導
(チェーンソー取扱い作業)

第四章
山の楽しみ方について

山の楽しみ

ここまでは、もっぱら林業の大変さについて語ってきました。読んで下さった皆さんからは「辞めたいとか思ったことはないのでしょうか？」といった疑問の声が聞こえてきそうです。実際に取材などでそうしたことを聞かれたこともありますよ。仕事を辞めたいとか思ったことはありませんね。まあ私も人間ですから「こんなきつい仕事をなんで選んだのだろう」と、一度もそういう想いを抱かなかったといえば嘘になりますけど。

でも皆さま方に知っていただきたいのは、山は楽しい場所だということです。私が感じていた仕事の楽しさが、今の若者たちにそのまま受け入れられるかどうか分かりませんが。私自身、今でもちょっと不思議なのですが、仕事もあまりきついと、つらいのを通り越してハイになってしまうということが実際にありました。

20年以上前の話ですが、このままでは工期内に終わらない、ということで愛弟子と正月早々、元旦に山に入ったんです。

その日は雪が降っていました。神奈川県でも雪は積もるんですよ。最初は冬支度だったのですが、いざ作業を始めてみると冬服が重くて雪が降っていても暑いのです。愛弟子に「脱いだら着られなくなりますよ」と言われたのですが、最後にはシャツまで脱いで雪がしんしんと降り続く中で上半身裸で作業しました。

「心頭滅却すれば火もまた涼し」

などと言いますけど、まさしくそんな感覚ですね。真冬に滝に打たれる修行だっておそらく、水温は氷点下じゃないですか。少なくとも体感的には。本当に不思議なのですが、仕事に熱中していると寒さとか感じないんです。シャツを脱いだら着られなくなりますよ、と言われましたが体が火照ってしまうからなんですね。

現場に行くため林道等の除雪作業を実施
(厚木市下荻野　地内)

あの時は一度脱いだ服を着る気になれませんでした。暑いし重いし、もちろんこれは私の個人的な体験であって、若い人たちには理解されないでしょうし、いわんやそんな仕事を押し付ける訳にはいきません。ブラック企業どころの騒ぎではない、雪の中だから一面ホワイトだなんて駄洒落で済まされる話でもない。

という話は置いといて、山の楽しさについてお話しさせて下さい。

キノコ狩りについては先ほど、少しお話しさせていただきましたが、キノコはミネラルが豊富で低カロリー、免疫力アップや腸内環境を整え、女性にも喜ばれて、健康にも良い食べ物です。だからこそ安全に楽しんでいただきたいと思っています。言うまでもなく毒キノコもありますから。

日本には、３５００種類を超え５０００種類（図鑑等によって数に差異があります）くらいのキノコがあると言われています。裏山から採取してきたキノコを、食べられるかどうか調べてみました。

採取したのは16種類でしたが、そのうち毒キノコは次の2種類でした。

㋑　クサウラベニタケ

㋺　カキシメジ

この2種類で中毒を起こしている人たちの約70パーセントを占めていると言われていますので、十分な注意が必要となってきます。

それともうひとつ、キノコをめぐる迷信にも注意が必要です。ナスと一緒に煮ると解毒作用がある、と言われていますが、そうした解毒作用はナスにはありません。縦に裂けるキノコは食べられる、と言う人もいますが、猛毒のカキシメジは縦に裂けます。ですからこれも迷信です。逆にツバがあるのは食べられないと言いますが、ナラタケというおいしいキノコにはツバがありこれも迷信です。虫が喰っているキノコは人間も食べられる、というのも間違いです。

日本は世界でも有数のキノコを豊富に産する国であり、日本人はキノコ好きの国民でもあります。しかし、キノコについての研究は、海外の国から比べて遅れています。そのため食用キノコと毒キノコの見分け方に関しては、未だにこうした迷信が根強く信じられていて、毎年同じキノコによる中毒患者が後を絶たない、というのが現状（現実）のようです。

　キノコを食べて中毒にならないための第一歩は、こうした迷信に惑わされないということが大前提となってきます。そして地方名もあります。方言の一種と考えてもらっても良いのですが。例えば「いっぽんしめじ」と呼ばれているキノコが、ある地方では毒のある「クサウラベニタケ」のことをいい、別の地方では食用の「ウラベニホテイシメジ」を指す、などということはざらにあります。

　ですからキノコ狩りに行く際には、カラー写真が載った図鑑などを持参することをお勧めします。コンパクトなものも売っていますし一種の保険と考えれば安いものですよ（ですが、同じ種類のキノコでも地方によっては、キノコの笠の色や形、肉の厚さ、そして柄の太さや長さなども図鑑とは少し違って（異なって）、見分ける際に迷いなどが生じてしまうこともあるようです）。例えば食用の「クリタケ」と毒の「ニガクリタケ」とでは外見は同じようでなかなか見分けがつきません。だけれどもカケラを一口かじればその違いなどがすぐに分かります。「ニガクリタケ」はその名の通りかなりの苦味を感じますが「クリタケ」には苦味がありません。一口かじって苦いとか違和感を覚えたならすぐ吐き出せば、中毒になる心配はありません。ですが個人差もありその時の体調、その人の体質なども関係してきますので一概にこうだから、こうだとはなかなか言い切れないのです。

　その意味で何よりも始末が悪いのがドクツルタケとシロタマゴテングタケです。様々な樹種の林に自生し、森林内で見かける色や形が野生のマッシュルームと似ていて、ヨーロッパでは毎年同じ中毒患者が出るようです。日本でも数年前に中毒死の報道がありました。一般的には毒キノコは笠の裏が派手で、毒々しい色をしているキノコも多いようです。だからこそ地味なキノコなら食べても大丈夫、などという迷信も生まれたのでしょう。

以前はホウキタケの仲間には毒キノコはないと考えられていましたが、最近では毒を持つものもあることが分かってきました。それはハナホウキタケです。これらは食用のホウキタケが白っぽいのに対して、かなり鮮やかなオレンジ色をしています。ですから間違える可能性は低いと言えます。

一方で最近健康に良いことが認められるようになったキノコもあります。それはカワラタケで、ガンの進行を遅らせるなどとして漢方で採用されました。煎じて飲むのですが、苦味が強くてなかなか飲みにくいようです。サルノコシカケも制ガン効果があるという人もいますが、医学的にまだ実証されるまでに至ってないようです。

食べておいしいキノコの代表格は、なんと言ってもマイタケとマツタケです。これらはなかなか野生のものには出会えません。それはだいぶ昔の話になりますが、１００年～１５０年生のナラ林で、それらの樹を伐採搬出し、その後、事業を予定通り実行するか否かを現地確認に行った際のことです。何本もの古いナラの樹の切株から抱きかかえるような、大きなマイタケが発生しているのを見つけ、舞い上がって喜んだ事などを想い出しました。天然の舞茸はとても味が濃く大変美味です。そして私たちが舞茸の原木栽培に取り組んだのは35年以上前の話となります。失敗続きでしたが近年それらが成功したという情報が入り、喜びもひとしおとなっております。

また秋の味覚と言えばマツタケですが、最高級食材というイメージも強いのですが、マツタケについての知識も決して無駄ではないと思います。マツタケはアカマツの根元に発生します。最近では、採れ高も減る一方で、八百屋やスーパーでは中国産や韓国産が幅をきかせるというご時世にもなってきました。キノコはカビの一種で胞子によって増えますが、その胞子は植物の種子に近いもので、胞子が発芽したものが菌糸です。実はこれがキノコの本体なのです。

　マツタケは、生きたアカマツの根から養分をもらう代わりに菌糸を通じて集めた養分をアカマツに供給しています。そうです、見事な共生の関係が成立しているのです。こうした樹木とキノコとの共生（キノコと樹木とが共に助け合い生活を営むこと）との関係は、これらのキノコに限らず、むしろ山林内では一般的に見られます。一方でキノコは環境の変化にきわめて敏感であり、キノコがたくさん自生する森林は生態系の面から見ても健全な森林と言えるのです。

　さらに言わせていただきますと、立木や樹木はなにも木材や木炭として利用するだけではありません。最近、東濃地方ではヒノキの葉からシャンプーを作ったり、スギの木からはシミ・ソバカスの原因となるメラニンの生成を抑制する機能を活用した美容用品が作られたり、また近年はリグニンを抽出して電子部品の基板に利用するなど、それらの利用方法を巡り多方面から注目を浴びています（スギの木は日本固有の木です）。最近はセルロースなどを利用する研究も進んでいるようです。

森林浴の効能については、すでに述べましたが、キノコ狩りもよし、森林内の歩道をのんびり散策するのもよし。

そして山菜採りも忘れてはいけません。山菜料理の代表的なものは天ぷらですが、こういったメインの料理だけでなく酢味噌や三杯酢で和えたり、ごま和えにしたりと、それだけで食卓を豊かにする一品もできたりもします。春は山桜やタンポポなどの花を目で見て楽しむことができ、同時にタラの芽やコゴミ、それとウド、フキ、ワラビなどの山菜があちらこちらで芽吹きます。この季節を過ぎると今度はミズナやキイチゴの季節がやってきます。

家族で出かけ自分たちで採った山菜が食卓に並んだという光景を

ちょっと想像してみて下さい。コンビニエンスストアなどで買ったおかずだけでも良いのですが、まったく違った食の世界がそこには広がってきますよ。

山は目で見て歩いてそして舌で味わって楽しむことができる、自然が生み出した保健・レクリエーション機能を備えた最高級のエンターテインメント施設なのです。

かご枠工　丁張り
（相模原市緑区三井　地内）

第五章
樹木の有効活用（特用樹・薬用樹）について

特用樹と薬用樹

以前に面白い質問を受けたことがあります。

２０１８年に、西日本各地で集中豪雨により被害が発生したが、自由民主党の地方議員の先生方より、「２００９年、民主党政権が『コンクリートから人へ』というスローガンを掲げて、公共事業費を大幅にカットした。その結果、地盤などが脆弱になって被害が拡大したという声が聞かれますが、これについてどう思いますか」とね。民主党だけの問題ではないと前置きして、日本の林業行政は昔から問題点が多いという話をさせていただきました。

今でもその考えを変えるつもりはありませんが、あらためて考えてみますと林業だけの問題でもないようです。公共事業というものが本当に国民のためなのか、公共の福祉と合致しているのか、という点についてはもっともっと関心を持つべきだろうと思っています。

そういう意味では民主党政権が取り組んだ事業仕分けで、片っ端から仕分けの対象にした、あの方法はたしかに乱暴だったと思いますが、税金の無駄遣いをなんとかしようという発想自体は理解できる部分もありますよ。なんと言っても私自身が地方公務員として約30年間過ごしてみて予算や補助金のあり方について、色々と考えさせられることも多かったものですから。

その話はひとまず置いて、樹木の利用方法について考えてみましょう。ここでは特用樹と薬用樹について、お話をしたいと思います。山歩きの楽しみ方ではなかったのか、と言われる方もいるかも知れませんが、ここでお話しする知識も決して無駄ではないと思います。森林浴はもっぱらリラクゼーション効果を求めるものです。ここには他の森林では見られないような草木がある。というように植生の違いなどに関心を寄せて散策すれば、森林との一体感などが生まれてくるようです。

山歩きを楽しむには、なによりも山や自然を大切に想う心がなければなりません。キノコの知識が、健康に直結する実際的なものであるとすれば、樹木の知識は精神衛生に効用、効能があると言えばよいのでしょうか。まずは樹木の標準和名と方言名を知っていただきたいと思います。私なりに神奈川県、山梨県内を中心として樹木の方言名を調査してみました（99ページの一覧表を参照）。

出来れば図鑑なども手に入れていただけると最高ですね。

楽しみという言葉にこだわって言うなら、囲碁・将棋でもいい、スマホのゲームでもいい、コツを覚えて勝率が上がると一段と楽しくなるのではないですか。また昔から知識とお金は邪魔にはならないと言われますし、私としても大勢の皆さまに森林や林業について、深い知識を備えていただき、森林を愛する心を養っていただければ嬉しいなと思っています。

ごく大雑把な分類から説明しますと、特用樹は木の実を食することができたり、工芸品の原材料に利用したりと、それ自体が価値を持っているものです。生け花でよく使われるナナカマドも特用樹に分類されています。油脂を利用するものでは漆が有名ですね。他には和紙でも西洋紙でも木の繊維（コウゾ・ミツマタ）から作られたりしています。

蜜源植物と言って良質な蜂蜜の供給源となる樹木も多いのですが、蜜源という理由だけで特用樹とは定義されていないようです。栗の木は蜜源植物ですがもっぱら実が利用されているように、やはり人間中心の分類なのです（97ページの特用樹一覧表を参照）。

これに対して薬用樹は読んで字の如く薬効がある樹木です。用途に応じて樹皮や根などを利用します（98ページの薬用樹一覧表を参照）。

薬用樹はかつて民間療法として定着していましたが、西洋医学が取り入れられてからは迷信扱いされることが多くなり、次第に使用量も減少していったようです。最近では自然食品とか薬膳食が見直され需要拡大の兆しが見えてきました。この流れを逆行させてはならないと思いますよ。今後は特用樹林・薬用樹林などの展示園を造成したり、それらの栽培技術を確立することが望まれます。

日本の林業全体のことを考えた時、これらもとても大事なことだと思います。

熊より恐ろしい野犬、そして凶暴なスズメバチ

ここまでは森林からの恵みについて述べてきましたが、目で見て楽しんで舌で味わえるものは植物が多いようにも思えますが、山にはたくさんの動物もいます。これにはちょっと気をつけた方が良い、熊が出たらニュースになりますが、私の半世紀以上におよぶ山での

体験から言えばむしろ野犬の方が怖い。

　熊にも野犬にも一度だけ出くわしたことがあります。それはだいぶ以前の話となります。大きな倒木が沢に向かって倒れていました。その樹は3人で抱きかかえるような大きさでした。それを跨ごうとすぐ近くまで行った時のことです。倒木と地面との隙間のある窪みのところで熊が丸くなって寝ていて、私の姿に気づき頭を持ち上げて睨んできました。私と熊との距離は3メートルはなかったと思います。驚きと恐怖で身がすくみましたが、すぐに我に返り熊と目線をしっかりと合わせたまま、ゆっくりそしてまたゆっくりと少しずつ熊を刺激しないようにして合間を取り、30メートルほど後ずさりしてから夢中で逃げましたね。私はその時に熊は基本的には臆病な動物だなと感じました。ですから熊を刺激しないようにして距離を取る、それと熊から眼（眼線）を逸らしては絶対に駄目だと思いました。

その点で野犬は人間を恐れないですし、見境なく襲いかかってくることもありますので、むしろ熊より恐ろしいと言えます。これまた数10年ほど前に野犬に取り囲まれた経験があります。それは仕事を終えて車に戻ろうと山林の平らな山道を歩いていた時のことです。もう少しで車に着くと思ったその時に、1匹の野犬が近づいてきて、周囲をみると3匹、4匹と増え、野犬に囲まれていました。やせ細りよだれを垂らし腰を低くして、私にすぐにでも飛び掛かれる体勢で、ウグォ～、ウグゥ～と低いうめき声をあげながら近づいてきて、野犬との距離は2メートルくらいでした。

とっさに腰に差していた鉈を振り上げて威嚇したのですが、私が一歩後退りすれば4匹の野犬が揃って一歩前に出てくる。この時、血の気が引いたのを思い出します。鉈を高く振りかざして構え、眼力を強くして睨みつけ、「くるならこい」と心で叫び、気持ちを強く持って一匹ずつ野犬の動きを眼力で牽制してスキなど絶対に見せないようにしながら少しずつ後退りして車に乗り込み、その場から急いで逃げ去りました。本当にあの時は、危機一髪というか生きた心地はしませんでした。一瞬、野犬に食べられてしまうのか、とも思ってしまいました。

地域によってマムシも出ますが総じて蛇は臆病ですから。奄美大島のハブなどは別にして、自分の方から人を襲うような例は実は稀少なのです。もちろん万が一咬まれたら、ただちに医師の診断を受ける必要があります。クワガタを捕ったりする楽しみ方もありますがごく最近、体の一部が赤いクワガタに似た虫は毒があって危険だという報道がありましたので、注意が必要となってきます。

蜂も山林に多いのは凶暴なスズメバチですし、一度刺された人はもう一度刺されるとアナフィラキシーショックを起こし、命を落とす危険性もあるそうです。私も中学生の頃、父親と一緒に下刈作業をしていた時、スズメバチに刺されて体の一部と左腕に赤いポツポツが出来て、吐き気やめまいなどもあって医者に連れて行ってもらった事なども想い出しました。

それとクロスズメバチ（地蜂）の幼虫を炒めて食べたこともありますが、とても香ばしくて美味しかったことなどが記憶に残っています（これらは長野県・岐阜県などの郷土料理としても有名です）。

ハチだけではありません、子育ての季節などはカラスも人を襲うことがあります。私が小学校6年生の頃だったと思いますが、その日はいつもとは違って反対側の山の大きな松の木のある林に遊びに行った時のことだと記憶しています。友達と木登り競争などをして遊んでいた時のことです。突然一羽のカラスが急降下して私を威嚇してきたのです。普段だとカアーカアーと鳴くカラスがその時はギャ～ギャ～と鳴き、いつもと違った声を発したかと思ったらあっという間に数10羽集まり、入れ替わり立ち替わり私をめがけて急降下して威嚇してきました。怖くなって慌てて家に帰った記憶があります。なぜ私たちをいきなり襲ってきたのか。後日その場所をそっと確認に行ったところ、赤松の分かりづらい位置に巣があり、その子供たちもいたことなども想い出しました。

山ざるにも遭遇したことがあります。それは山道（獣道）を歩いていた時のことです。尾根のほうで何か物音がしたので見上げると尾根の少し下に山ざるが7匹ほどいたので、私たちは石を投げて追い払いました。そして30メートル程山道を進んだ時のことです。突然石がゴロゴロと落ちてきたので驚いて見上げると、さっきの山ざるが私たちをめがけて次々と石を落としていたのです。これには本当にたまげてしまいました。「触らぬ神に祟りなし」で、総じて山の生き物にはこちらから近づかない方がいいのかも知れません。

人間に牙を剝く「山」

山は様々な恵みを私たちに与えてくれていますが、時として山の自然は人間に牙を剝くということもあります。

春から初夏にかけては山菜採りの楽しい季節でもありますが、山の天気も一際変わりやすい時期でもあるようです。気軽なハイキングと思って出かけるのも決して悪いことではないのですが、やはり公園を散歩するのとは少し違いますからね。急激な気温の変化や雨にも対応できるようにレインウェアなどは必ず準備して下さい。

スキー場で着るような物ではなく、最近では薄くて軽い物もたくさん出回っています。ですから防寒用のウェアとレインウェアは、別々に揃えた方がよいと思います。レインウェアは最近ではゴアテックスの素材なども進歩していますので、外からの雨水などは通さないのに内側からの湿気や汗などは逃がしてくれます。これだと低体温症の危険があるような天候下でもしっかり活躍してくれます。

もちろん天気予報をこまめにチェックして、危ないなと思ったら素早く下山することが大前提となってきます。雨が降り始めれば、落雷の危険も発生したりして、樹高の高い立木・樹木などには狙いすましたように落雷する傾向があったりもします。ですので雷が鳴り始めたならば、高い木の下での雨宿りをやめて退避したほうが良いのかも知れません。もし直撃したような場合、樹の幹を伝わって地面に降りてきますので高い木などからは数10メートル離れていないと感電死しかねないのです。私も待機していた時のことですが、電流が地面からビリッビリッと伝わってきて、あわやと思ったこともありますので、落雷にも細心の注意を払う必要があります。本当に怖いですよ。

私はこのようにして自然や山林、鳥や動物などから様々なことや色々なことと、物を通して現代社会を生き抜く知恵と力と優しさ逞しさなど『全部、山が教えてくれた』ように想っています。ですから山との共存（共生・共栄）はとても大事（大切）だな、とも思っています。

それと、山歩きにはお弁当やお菓子を持って行く方も多いと思いますが、予備の飲料水やチョコレート、キャンディなどもお忘れなく。道に迷うリスクとか、かなりの時間山中で足止めだってあり得ますから。ビスケットなどはいかにも非常食にふさわしいイメージもありますが、あの粉っぽさが意外と曲者でしてね。チョコレートは食べやすく喉も渇きません。お腹にたまる感じはさほどしませんがカロリーは高いです。もし余ったら帰りの車や電車の中で食べると疲れなども取れます。予備の飲料水の話もしましたがスポーツドリンクなども1本あると良いですね。万全な安全対策があって初めて山の魅力を十分に味わえるというものです。

かご枠工　丁張り作業
（令和2年12月　相模原市緑区三井　地内）

著者18歳の頃
（東京都内で）

特用樹

用途	樹種	
木の実	西洋はしばみ（へーぜるなっつ）	
	ぶるーべりー（12品種）	
	いちょう（4種類）	
	やまぼうし	すもも
	あーもんど	くるみ
	とちのき	ざくろ
	まるめろ	ぼ　け
	はしばみ	く　り
	あんず	び　わ
	かりん	か　や
山の幸	くろみのうぐいすかぐら	
	うぐいすかぐら	くさぼけ
	みやまきいちご	きいちご
	あけび	
香　り	あさくらさんしょう	
	さんしょう	くろもじ
	らべんだー	
工　芸	いぬえんじゅ	みずき
	こりやなぎ	き　り
	えんじゅ	
繊維	みつまた	しなのき（蜜源）
	こうぞ	
タンニン	ぬるで	かしわ（餅包材）
生花	ななかまど	ほおのき
油脂	うるし	

参考文献：一般財団法人日本木材総合情報センターの資料等を参考に作成しました。

薬用樹

用途	樹	種
滋養強壮	ちょうせんごみし	さんちゅう
	みやままたたび	やまぐわ
	えぞうこぎ	がまずみ
	さるなし	とちゅう
	またたび	うこぎ
利尿	いぼたのき	いぬつげ
	きささげ	にわとこ
	ほおのき	うつぎ
	いちい	く　こ
整腸・健胃	くまやなぎ	にがき
	さんざし	りんご
	すぐり	め　ぎ
	きはだ	
解熱	すいかずら	むくげ
	あおだも	う　め
	あまちゃ	
咳どめ	なんてん	なつめ
ただれめ	めぐすりのき	
とげ抜き	いぼたのき	
洗髪料	のりうつぎ	
回虫駆除	せんだん	
糖尿病	たらのき	
皮膚病	あきぐみ	
鎮痛	まつぶさ	
捻挫・打撲	くちなし	
頭痛・鼻づまり	こぶし	
しゃっくり止め	か　き	
その他	いちじく	

樹木の標準和名と方言名

標準和名	通称名及び方言名	
ぬるで	かつんぼう	おっかど
	かつんぼお	か　つ
	かつのき	ふ　し
あおはだ	あおき	う　り
	うりんぼう	うりはだ
みねばり	ほんみね	よぎそみねばり
	よぐそみねばり	
いたやかえで	はいた	へーた
	やはた	へいた
さわぐるみ	かわぐるみ	かるめ
	かぁぼ	くるみ
ふさざくら	ちゃぼうず	めめず
	めめずき	めめずぎ
はりぎり（せん）	おおばら	ば　ら
	あくだら	
あわぶき	あわったらし	あわふき
	あわぶく	
みずめ	よぎそ	よぐそ
	よごそ	
やまぼうし	やまっかぁ	やまっくわ
やまなし	だんごばら	ば　ら
いぬぶな	くろぶな	や　ぎ
やしゃぶし	あずま	あらご
あさだ	あかだ	あかざ
おおばやなぎ	えんまる	
ちどりのき	やましば	
みずき	みずくさ	
さわしば	めぐろ	
し　で	そ　ろ	
おおうらじろのき	ず　み	

※方言名調査：神奈川県西部地方及び山梨県東部地方での調査となります。

山腹基礎工、かご枠工
（相模原市緑区三井　地内）

第六章
山の年中行事

四季折々の山の歩き方

春夏秋冬、それぞれの季節に応じた、山歩きの楽しみ方があるという話をさせていただきました。もちろん登山者や山歩きを楽しむ方々と、我々のように生活そのものが山林とともにあるような場合とでは、かなりの相違があるように思います。

この際ですから山村の年中行事についてお話をさせて下さい。そして、それらのいわれなどについて知識を深めていただければ一層、山林に親しみを持っていただけるかも知れませんので。

◎一つ目は

1月17日の年の始めに「山の神」を祭って作業の安全を祈願する行事があります。山村では昔から伝承されてきた行事ですが、どうして1月17日なのか、というと民間伝承でこの日は「山の神が子供を生む日」ということになっていて、山を敬う心がここに表されているように思います。

　ちなみに山の神の象徴は「しゃもじ」ですし、奥方のことを「山の神」あるいは「かみさん」と呼ぶのもこうした民間信仰に起源があるようです。

◎二つ目は

　4月29日は『みどりの日』です。昭和の時代にはこの日が天皇誕生日でした。昭和25年に、天皇・皇后両陛下をお迎えして、山梨県甲府市の片山恩賜林において『第一回全国植樹祭』が行われました。

　昭和天皇陛下は海洋生物学の研究者であられたと同時に、草木をこよなく愛され、この第一回以降、全国各地の植樹祭に足を運ばれました。平成の世になった時、ちょうどゴールデンウィークの始まりという事情もあって、なんとか祝日を残せないかという話になったようです。そこで『昭和記念日』という案なども検討されたようですが、結局『みどりの日』に落ち着いたようです。

そして祝日法改正によって、現在の『みどりの日』は5月4日となりました。

◎三つ目は

この『みどりの日』をはさんで、4月から6月にかけて『全国植樹祭』が開催されています。もともと『愛林日植樹行事』として60年以上続いてきた行事ですが、昭和45年、第21回に福島県で開催された時に、現在の名称『全国植樹祭』となり『国民体育大会』、『全国豊かな海づくり大会』と並んで『三大行幸啓』と称されるようになりました。皇族の皆様はこうした行事に深く関わっておられるのですね。私たちにとっても大変ありがたいことだと思っております。

植樹作業
（無花粉スギ・コンテナ苗木）
（小田原市久野　地内）

◎四つ目は

8月11日は『山の日』です。２０１６年に制定された新しい祝日ですが、自然に親しみ山からの様々な恩恵についてもっと感謝しようという趣旨です。もしかしたら政府の本音は、お盆休みを長くしてレジャーなどに、もう少しお金を使ってもらいたいという事だったのかも知れませんが、私たちにとってもこうした祝日が制定されたこと自体、意義深いものであると考えています。

◎五つ目は

9月から11月にかけては『全国育樹祭』です。植樹を行っても、そのまま放置しておいたら健全な立木には育ちませんので、過去の植樹祭で天皇・皇后両陛下がお手植えされた立木に皇族方が『枝払い』などの、お手入れをなされます。

これらも非常に意義深いことでしてね。ただ植樹をするだけではなく継続的に森林を守り育てていこうという運動に、皇族の方々が率先して取り組んでおられるわけですから、大変ありがたいことなのです。

◎六つ目は

10月8日は『木の日』です。これは木という漢字が十と八を組み合わせて出来ることから定められたものですが国民、皆が木（樹）の良さを改めて見直そうという日です。

◎七つ目は

10月から11月にかけては、『間伐推進強化期間』です。

間伐とは

その間伐について少しお話しさせて下さい。

『精英樹』または『エリート』、『より抜き』とも呼ばれ、呼び名が異なりますが同じ樹木です。これらの優秀な遺伝子を持った親木

『母樹』から採取した種子から山行苗木をつくります。そしてそれらを山林に1ヘクタールあたり3000本を植栽します。その後順次各種の保育（撫育）作業を施工していきます。

下刈年一度（8回～10回）約9年間実施、除伐（2回～4回）3年～5年の間隔で下刈完了後に実施、枝打（3回～5回）10年生～45年生位までの間で、地上から立木の下の一番下の枝までの高さ8メートルまでの間を2メートルくらいずつ段階的に実施、間伐（5回～8回）20年生～80年生までの間で、1回に施工するのは材積率で35パーセント以下で実施。特に間伐（間引き）作業が一向に進まず、手入れ不足や、手遅れ林分が増加を続け、各地の山林で土砂災害や土砂崩れ等の災害が多発する要因のひとつになっていて、大変苦慮しているようです。

間伐作業を推進して国土の保全の礎と、森林の持っている公益的機能をより一層高めようと行政府の人たちも必死になっているようですが、現実はかなり厳しいようです。

盆栽は枝を切って形を整えたりします。また農産物のほとんどは間引き（摘果）を行いますね。人間もあまり過密な状態ではストレスが溜まるばかりではないですか。立木も同様なのです。

適正な距離と間隔、密度などを保つ間伐作業は必要不可欠となってきます。人間に例えますとまあ好みはあるにせよ、髪や爪をきちんと切って清潔に保った方が気持ちも良いのではないですか、立木も同じなのです。

私のように半世紀以上林業に従事していると山林を眺めただけで、立木や樹木の声が聞こえてくるのです。「枝が重いよ、早く切ってくれ〜、苦しいよ〜、早く間引いてくれ〜、早く枝を切ってくれ〜、早く疎抜《おろぬ》いてくれ〜」と、立木・樹木の叫び声などが森林・林内そして小川などの山の奥深くから聞こえてくるのです。

いや、これ真面目な話ですよ。

これが仕事の経験値というものですかね。こうした面からも林業に対する理解などが多少なりとも深まったり広まったりしてくれたらいいな、と思って書かせていただきました。

第七章 林業の未来と森林環境税

林業が目指すもの

終わりに近づいてきましたので、林業が目指すものについて、少しだけおさらいをしたいと思います。森林は人類共有の財産であり木材などの林産物を供給するだけではなく、水資源のかん養、山地災害の防止、地球温暖化の防止、あるいは自然とのふれあいの場となるなど公益的な機能が非常に高く、社会に大きく貢献しているのです。現在、私たちがこのように森林の恩恵を享受できるのも、長いあいだ時間をかけ森林づくりに取り組んできた先人たちのおかげなのです。

森林の整備や管理などを通じて、森林の機能を高めつつ健全な状態で未来へ引き継ぐ。それが国民そして林業に携わる私たちに与えられた使命だとも思っています。ところが１９８５年をピークとして、産出額およそ1兆２０００億円、林業従事者が12万６千人以上だったものが、その後30数年間でおよそ１／３（約４万５千人）にまで減少してしまいました（林野庁「林業従事者の動向」）。日本の国土の約70パーセントを森林が占めていることを考えると、この人数では適切な森林管理ができているとは、私には到底思えません。そして林業従事者の平均年齢も今や52歳を超えています。こうして森林の荒廃が進む一方、戦後の大規模な拡大造林が伐期を迎えつつあります。これらも前に述べたように免許や資格を含め、高いスキルを持った若い森林整備作業員を育成することなくして、この難局をどう乗り切れというのでしょうか。より具体的に説明させていただきますと、林業の仕事がどのように動き、どのようにしてお金をいただけているのかを、皆さまに知ってもらう必要があるように思います。

森林整備事業は、契約が終わってから選木確認検査を受けるまでに要する日数は20日ないし25日です。選木とは上長成長・肥大成長がともに良好で、素性もよく寿命も長いと予測ができ、将来に向かって通直完満（まっすぐで、尚且つ元も末もない）な材の収穫が見込めるか、否かを選木（選別）する作業であり、熟練した技術者でないと、かなり難解で特殊な作業となってきます。多くの知識と経験とが必要となる作業です。

　そして、選木検査までにかかる日数に対して設計金額から算出される、設計出来高進捗率は一般的には10パーセント以下ですが、我が社で計算してみますと15パーセント以上になることも多く、林業は非常に特殊性が高いことなども分かってきます。同じ工種や種別でも作業に従事する者の技量により、作業の工程なども大きく異なってくるようです。

　山での作業はそのほとんどが人の手作業となっているために仕事が早い遅いとか、器用不器用とか、ベテラン新人などによって作業量は1日当たりでも2倍、人によっては3倍近い相違が発生してしまいます。設計書の人工数で仕上げる人もいますが、ほとんどの人たちはそこには届かないのです。ですから現場代理人は自社の従業員の技量を的確に把握した上で、それぞれの会社独自の見積り書が作成でき、その上で現場の工程管理、進捗管理等もしっかりと出来なければいけないと私は思っています。

我が社では個々の能力をきちんと分析・把握した上で独自に構築した進捗管理を行っていますので、過去20数年間、約束の工期に遅れたことは一度もありません。単に設計人工数（設計金額）だけを根拠に進捗の管理を行うと、思わぬ落とし穴がひそんでいることも多いようです。例えば設計人工数（設計金額）では85パーセント以上が完成しているはずの現場が、いつまでたっても終わらずに工期に間に合わなかった……。そんな会社があったという話を聞いたこともあります。単に設計人工数だけで工程管理を行うと、当然起こりうる話だと私は思います。

林業は経験や体験を要する人の手間仕事なのですから、設計書の人工数通りにはなかなか進まないのです。その上に屋外での作業ですので雨も風も台風もそして降雪や積雪などもあり作業が中止となってしまう日も多いのです。ですからそれらを見込んだ、工程管理を行う必要もあります。

何れにしても早め早めの対応や対策などが必要となってきます。工期に遅れ顧客に迷惑をかけることがあってはならない、というのが私のモットーですが、言うことは易く行うは難しもまた現実で、日々精進しているところです。

そして日本の林業が衰退した一番の理由、直接的な要因、原因がここにあります。業界としてきわめて高コスト体質だということです。例えば２０００万円の工事を請負ったとしましょう。その工事をやり遂げるためには６ヶ月以上の工事期間が必要となります。工事が全て完成し検査が終わって支払い手続きなどが完了してからお金が振り込まれます。その間の従業員の給料や必要経費、資材費等の支払いなどで全額とは言いませんが、最低でも１５００万円以上の現金を準備する必要があります。

　これ、本当ですよ。これだけのお金を用意したり準備できなければ工事を請負っても、給料も諸経費なども資材費も支払うことはできません。もっと言わせてもらえれば工事なども進めることが出来ないと私は思っています。

　そして６ヶ月～７ヶ月後にお金が入金されても運転資金の返済、つなぎ資金の返済、手形貸付の返済などと、要するに２０００万円の工事をやり遂げても現場によっては、お金が残らないどころか、足りないという事態も発生してしまいます。

　関連事業についても同じ事が言えます。山行苗木を育てるところから林業が始まります、とお話しさせていただきましたが、苗木生産業者の廃業が相次いで、本当に困っているようです。

『精英樹』、『エリート』、『より抜き』とも呼ばれる優秀な親木『母樹』から採取した種子を播種して山行苗木を育てますが、床替えや根切り作業それと除草や害虫駆除（根切り虫等）、また病気（立ち枯れ病、べと病等）などの消毒も行い、苗木を育てる過程においては我が子を育てると同様に愛情を込め手間をかけ、手塩にかけて育てるのです。そうして、ようやく3年後に2回床替え3年生の山行苗木となります。その苗木の値段が１本２５０円～３００円位ですからねぇ～。3年後に２５０円で売れるかも知れないなんて商品や品物、そして苗物が他にありますか。同じ植物でも季節は様々ですが、例えば秋に種子をまいて翌年の春には１本２００円位で売れたりもしますね。別の言い方をしますと、サラリーマンの平均年収が約４４０万円（平成30年度国税庁資料）ですが苗木を何万本売ればそこに届くのか、と言っても今度山行苗木が１本１０００円などと

少花粉スギ山行苗
(2回床替3年生、コンテナ苗木)

いう値段になってしまったら、植林という事業が成り立たなくなってしまいます。

ですのでこの辺のところを国の方でなんとか予算措置をしてほしかったのですが、２０２４年から世界を一歩リードして森林環境税の導入が決まりました。若者が地方から都市部に人口移動してしまい、林業の後継者不足などが深刻な問題となってきているようです。また不在村地主も増加してしまい境界が未確定の山林が増え、それらが放置され荒れ放題となっている森林がどんどん増え続けていて、現状では本来の森林の働きが十分発揮されているとは、言えない状況となってきました。

国でもこれ以上無視できないと判断したようですし、パリ協定で温暖化防止も義務づけられました。ここ数年の異常気象によって災害（豪雨災害、土砂災害や水害など）が頻発したことへの反省もあったようです。環境省のホームページにはそのあたりのことが書かれています（同ホームページの抜粋は、１４４ページを参照）。

遅きに失した気はしますが、なにもしないよりは良い。課税額は納税者1人当たり１０００円となっていますが、本書をここまで読んでいただいた方であれば、なんで１０００円も余分に出さなければいけないのか、といった受け止め方は、もはやしないと思います。森林の整備が日本人いや全人類にとっていかに大切なのかは、ここまで口を酸っぱくして語り続けてきましたので。

納税者一人当たり１０００円を集めて約1割を都道府県が、残りの約9割を森林面積別に、そして人口数に応じて都道府県を通じて市町村に分配される見込みです。私の地元である神奈川県にはおよそ34億円が分配される予定のようです（各市町村で予定している森林環境税の使途については、１４４ページを参照）。私が山梨県に職を得た当時のような活気がもう一度戻れば……と言いたいところですが、現実はなかなか厳しいと思えます。

この森林環境税のシステムが円滑に機能するようになるには、10年単位での歳月が必要になるだろうと私は考えています。なんと言っても山林を長年放置してきたツケ、これが恐ろしく大きいのです。例えばですが、市町村で林業職の職員を採用したとしても技術職ですのでその仕事などが理解出来て一人前になるまでには、私の経験からしても、すぐに10年くらいはかかってしまうのです。そして予算の配分や、税金の使途についても問題があります。一見合理的なシステムのようですが、論理の落とし穴と言いますか数字のトリックと言いますか、人口に応じて配分されるとなると、今度は森林面積が70パーセントを超えるような山間部の、小さな自治体には配分がどうしても少なくなります。森林面積と比較して人口が少ないので、どうしてもそうなってしまいます。

最も必要なところに必要なお金が行き渡らないというのは税金の使い道として、いかがなものでしょうか。

　さらに言いますと、森林環境税と言ってもそれらに関連している人たちや業者も多く、以下の通りとなってきます。建材店・ホームセンター・工務店・建築屋・建材屋・材木店・製材屋・木工屋・素材屋・大工・木工具店・建具屋・苗木生産者・空師・山師・工芸店、そして林業関連業者（森林整備業務ほか）などと、山村（川上）から都会（川下）までとなると、皆さんが思っている以上に裾野が広く沢山の業者や職種の人たちがその対象となっていて、現状では森林整備の予算は、ごく僅かのようです。

　また神奈川県内の森林面積は約39パーセントを占め、その内スギやヒノキ等の針葉樹は全体の約40パーセントを占めていますので、花粉の飛散時期、花粉シーズンともなると、それらが拡散して県民がアレルギーを引き起こす要因のひとつともなっており、社会問題にもなっています。

　ですから県や市では従来の花粉を拡散させるスギ、ヒノキの林を対象として「花粉発生源対策」などの事業の導入を図って利用伐採を行い、樹種転換や林種転換なども行いつつ針広混交林にも誘導しているようです。また10年程前より花粉を生産しないスギ、ヒノキの無花粉の山行苗木なども植栽していますので、順次飛散する花粉の量も減少傾向になる、と推測されているようです。

　それやこれやを色々と考えますと、納税者１人あたり１０００円という課税額（森林環境税）もいずれは増額しなければならないかも知れません。たとえ税負担額が増えようとも国土の保全と国民の生活の安心と安全を守るためには不可欠なので。

　このようなことを分かっていただけるために、この単行本が一助になってくれたらいいなと思っています。

　山での作業は必ず無事に戻る（帰る）ことが何よりも大切なことなのです。むしろ私などが老骨にむち打って山に入り何かあったら、日本の林業全体に貢献したいと言うより、逆効果になってしまいます。

それでもなんでも体が動くうちは、自分の経験や体験などを通して日本の林業の再生のために、できることは何でもやりたいと思っています。物心ついた時から山が生活の場であり、林業の世界に足を踏み入れてから半世紀以上。最後まで森林や林業と共に生きられたなら、実に幸せな人生だったと想うことができることでしょう。

かご枠工

（相模原市緑区三井地内・令和3年1月）

Q スギ・ヒノキの25年生以上と80年生以上とでは建築材料に使用した場合に相違などがありますか。

A 植栽したスギ、ヒノキ、アカマツ、カラマツなど（針葉樹）の植栽木も人間の平均寿命（男性82歳・女性87歳）を迎えた頃より、立木・樹木は圧縮、引張り、曲げ、せん断、めり込みなどの強度やねばり、また香りまでもが天然木（山林内で自力で育った樹）に徐々に近づきます。その植栽木も80年を越えた頃より天然木の相違がはっきりしなくなってきます。教科書通りに80年生頃までに5回～8回の間伐が実施されたとしますと、不要木や不良木そして不用木やあばれ木なども淘汰されていますので、人間の平均寿命を過ぎてからの間伐木（材）は建築材に使用しても施主（家主）様からも大

搬出したヒノキ材（はい積み高さ2.0m以下）
（伊勢原市子易　地内）

変喜ばれる結果となります。また樹齢の若い間伐材を建築に使用した時は、曲がり、ねじれ、反り返しなどが月日や歳月の経過とともに起きてしまうことも多いようです。私の家でも部分的に曲がりや反り返しを起こしている部分もあり、80年生以降の素性が良いおとなしい立木を使用すれば良かったのではと私は時々思ってしまいます。また使用する家の日当たりの良い面には山林内でも日当たりの良い場所で育った立木・樹木を使用し、日当たりの悪いところには日当たりの悪い場所で育った立木・樹木を使用したほうが良いと言われています。また、山で切株を見て年輪巾の狭い方が北（N）、年輪の巾の広い方が南（S）と教わった事なども思い出しました（必ずしもそうでない場合もあります）。

　また使用する材木などの樹種や樹齢によって建築した家などの耐久年数も変わってくるよと言う方や大工さんもいます。また若い木は「そっけ」がないので建築材には向かないよ、と言う高齢の大工さんは多いです。人間も立木も80歳を超えた頃よりその方たちも、そして立木・樹木なども深みや重みが増してくる、というものなのでしょうか?……。

Q 木材価格が安いのはどうしてですか。

Ⓐ木材の値段（価格）が安くなったのは、木材の輸入量が増大したことと、木材に代わる物品（代用品や代替品・集成材や合板）などが次々に開発され、それらの需要が高まり、木材の需要（利用）が激減したことが始まりだと思います。それらの製品が安価なため、木材の値段（価格）は約半世紀以前から値下がりが始まり、現在でも続いています。ここまで木材価格が下落すると林業・業としては成り立たないというのが現実となりつつあります。そして、これだけ立木や樹木（木材）が安価になると樹齢の若い間伐木（材）は搬出手間や運賃をかけ、多額のお金（税金など）をかけて搬出しても、

それらに掛けたお金の大半は戻ってきません。人件費や運搬費などのコストが割高となってしまい引き合わなくなります。特に若い間伐木（材）は値段が極端に安いためにそのようになってしまいます。ゴメンナサイ、これ本当のことです。

　また次のような相談を受けたこともあります。お祖父さんが植栽したヒノキを、建築（新築）する家の一番眼に付く場所に使用することが家族の話し合いで決まり、業者からそれらの見積りを取った。それによると選木、伐採、枝払い、玉切等で5万円、それに搬出費や運搬費などが4万円、製材費2万円、乾燥代金1万円、大工さんの手間代が別途3万円かかり直接費だけでも15万円、3本のヒノキを使用することによって経費を入れるとざっと23万円以上余分にかかってしまい……、と相談を受けました。だけれどもこれらについてはその通りであり、どうにもこうにも、やりようがないですねぇ～と、私は答えてしまいました。

Q スギ・ヒノキ等の伐採時期はいつが一番良いのですか。

A 伐採する時期は樹液の停止している晩秋から冬の間が最も良く、特に良い日を一日だけ選ぶなら12月29日と一般的に言われています。また樹液の流動が停止している11月〜1月末日までの間に伐採するのが良い時期（月）だとも言われていて、この時期に伐採した木材は、建築材に使用して、歳月が経過しても材に虫が刺しにくい、食べにくい、入りにくいと、私の地域では昔から言われています。

Q 木材搬出のネックとなっているのは何でしょうか。

A 木材を搬出するのには、林道、作業道、作業路などの新設や開設が必要になってきます。またそれらの道路網の整備も不可欠となってきますが。津久井地域では山が急峻なために、他の地域と比べて道路などを新設、開設するのに1メートル当たりの単価が他の市町村と比べて割高となってしまい、また、それらを維持管理する費用も多くかかってしまいます。

その上に土地の所有者が細分化されていて、使用承諾を得るのがとても大変な作業となっています（所有権）。

近年では県外などに移住して、まったく連絡のとれない人たちも結構多いですし、簡単に作業道（路）等は作れません。林業の機械化なども図って行きたいのですが現実はかなり厳しいものがあります。

例えば森林整備などで歩いて山腹を横切るだけでも、承諾にお金が掛かったりすることもあり、少し広い場所に車を駐車させてもらうだけでも、お金がかかってしまうこともあります。

Q 木材を搬出するにはどんな免許が必要ですか。

A 木材搬出に必要な国の免許では「林業架線作業主任者」が挙げられますが神奈川県内では、まだ受講できる体制が整っていないようです。ですから近県の、それらの担当者（県）にお願いして、その県内の受講生の仲間に加えていただき、一緒に学科や実技を勉強するということになってきます。取得するまでには一ヶ月〜二ヶ月間くらいかかり、多くのお金と時間とが必要となります。早く県内で取得出来るような体制が整うと大変ありがたいのです……が。

Q 間伐作業では、どのような立木を伐採するのでしょうか。

A 間伐作業では、植栽木が80年生に至るまでに6年〜9年（参考書などによっても多少の違いがあります）の間隔で5回〜8回実施することになっていますが、それらが思うように進んでいないのが現実です。間伐は健全な森林を創造するための段階的な作業です。農業でも野菜や果物などを収穫するまでに数回の間引き（おろ抜き・摘果）等の作業を行いますね。それらを、もったいないと言う人もいますが……。たしかにそうも思えるのですが、それらの作業を実施しなければ全ての品物が規格外となってしまい商品とならなくなってしまいます。その方がもっと、もったいないのです。林業も同じです。間伐作業を何回も繰り返して実施して、曲がりや二又木、半枯れ木、枯木やあばれ木、不要木・不用木・不良木や劣勢木を繰り返して除去することによって（不要木等であっても伐採制限等があり、1回の間伐で、全部は切れないのです。材積率で35％以下で実施する、と決められています）、通直完満な材を収穫できるように導き、その上で多くの二酸化炭素を吸収して、より多くの酸素を放出してくれるような立木（林）に育てるのです。

そして地球の温暖化の防止なども図ってもらい、また安全で安心な暮らしが営めるような災害に強い山林にも作っていく必要もあります。ですから一朝一夕にはいきません。

そして間伐材の搬出の件については、多くの皆さんが思っているような、簡単な作業ではありません。多くの免許や資格そして講習なども必要ですし、色々な面で奥が深〜い作業となってきます。

私たちは伐採した若い間伐木はできるだけ現採丸太筋工、現採柵工や、林内径路の土留工等に有効利用を図り、表土の流出を防止して下層植生などが生育し繁茂してくれるような、そうした作業も行っています。それらが役目を果たしたその後は残存木や土の肥料となって自然に帰れるような方策も取っています。

Q 記念植樹がにわかに流行しているようですが。

A そうですね。私も依頼や相談を受けたこともありますよ。ここでは私の父親の話をさせて下さい。父親は結婚した年に記念植樹（スギの木を700本を植樹）を行い、私も小中学生の頃にその林の手入れ作業などについて行き、その際に父親から聞かされました。「毎朝暗いうちに家を出て下草を刈って、その草を持ち帰り、牛など動物のエサにしていた、朝食前にそれだけの仕事（朝作り）をした。この林は正二（私）と同じ年齢（樹齢）だ」と話されていました。私はその林の枝打、間伐などの手入れ作業を何回も行いました し、また数年前に林内全域に森林用の化学肥料を撒きました。ですから色々な面で自分と重ねて観てしまうことが多いようにも想えます。記念植樹はその人たちの成長の過程で様々な出来事やエピソードなども作られていくことになるのでしょう……かね。

私も妻と結婚したのは40数年前で、スギの木1000本を妻と3日間かけて結婚記念植樹を行いました。その年に長女（美咲）が誕生したので、その林は娘と重ねて観てしまうことが多いようにも想います。娘の長男（和玖）も早いもので小学校1年生になり、その林の手入れ作業などの時は他の林とはまた違った想いなどが湧き出てきます。

Q 森林所有者が自分で山の手入れをすることもありますか。

A あるとき関係者から「ダム」にスギなどの枝や幹が入っている、

と言う連絡を受けたので急いでその状況を確認に行ったところ、県や市で指導されている作業とは、程遠い内容であり、我が社で施工した現場ではない、とすぐに分かりましたので、会社に帰りその旨を関係者に報告致しました。

その後一週間ほど経過したある日、次のような連絡が入りました。森林所有者が自ら手入れを行い、その際に誤ってダムに落ちてしまったらしい、お騒がせしましたと。田舎ですので、森林の手入れなどを自分で行っている人たちもまだいますね。手入れを行うということは大変良いことだとも思いますけど……。

Q ケヤキの樹は業者によって見積り値段（価格）が大きく異なるのはなぜですか。

A 一昔前ならケヤキだけを扱う専門の業者も多かったように思います。その頃はよく庭先のケヤキを買いに来て思い思いの値段をつけて帰りましたが、最近ではそうした業者も少なくなりました。私もその時に、どうして人によって２倍も３倍も違う見積書が作成できるのか不思議に想っていましたが、ケヤキなどを取り扱う業者と、ある家のケヤキを買う話から始まって３日間それに付き合うことによって、ようやくその「ナゾ」が解けたような気がしました。

それはいまから20数年前のことですが、ある家の庭先にあったケヤキの樹を、社長さんが家主さんに交渉してその内の一本を30万円で買い取り、次の日は大型車と大型ラフターにより５人で午前中で搬出作業を完了して、市場に運ぶのに私もついて行きました。

後日社長さんから聞いた話ですが２５０万円の値段がついて取引したと話して下さいました。

ケヤキの立木代金が30万円、伐採労務費・運搬費・市場の手数料等全部で約20万円、合計約50万円を差し引いても、たった３日間でまるまる２００万円儲かったという話を聞かされ、私はたまげてしまい言葉を失ってしまった事などが想い出されます。また、その時に社長さんから教えていただいた話は次の通りです。春先に出る新芽が赤みを帯びているケヤキは樹（幹）の芯も赤で、青のケヤキの2～4倍で取引されるので、多少無理して買っても必ず儲かると私にこっそりと教えてくれました。

また新芽が青いのは樹（幹）の芯も青く、高くは買えない、高く買えば赤字になることもあると話されました。ですから買いたいケヤキの樹の新芽を春先に確認しておく必要があることなども教えて下さいました。

近頃はこれらの事柄を知っている人は本当に少ないですし、教えて下さる方も皆無に近いです。だって仕事の手の内を教える事になる訳ですから。ここまで読んで下さった皆さまに、私からの心からの「プレゼント」のつもりで書かせていただきました。

またケヤキ等の樹皮の部分に瘤《こぶ》ができているか、または丸い（卵型）ような模様などができているものは、製材した時に杢《もく》などが出現するそうです（ケヤキだけではない）。それらも3～5倍高い値段で取引されると、そっと教えてくれたことなども想い出しました。製材した時などはとても美しい杢や玉《たま》杢《もく》が出現すると話され、その杢や玉杢も何十種類もあるそうですし、ケヤキの値段（価格）は同じ大きさ、同じ太さでも本当にピンからキリ（1万円～100万円）まであることも教えて下さいました。

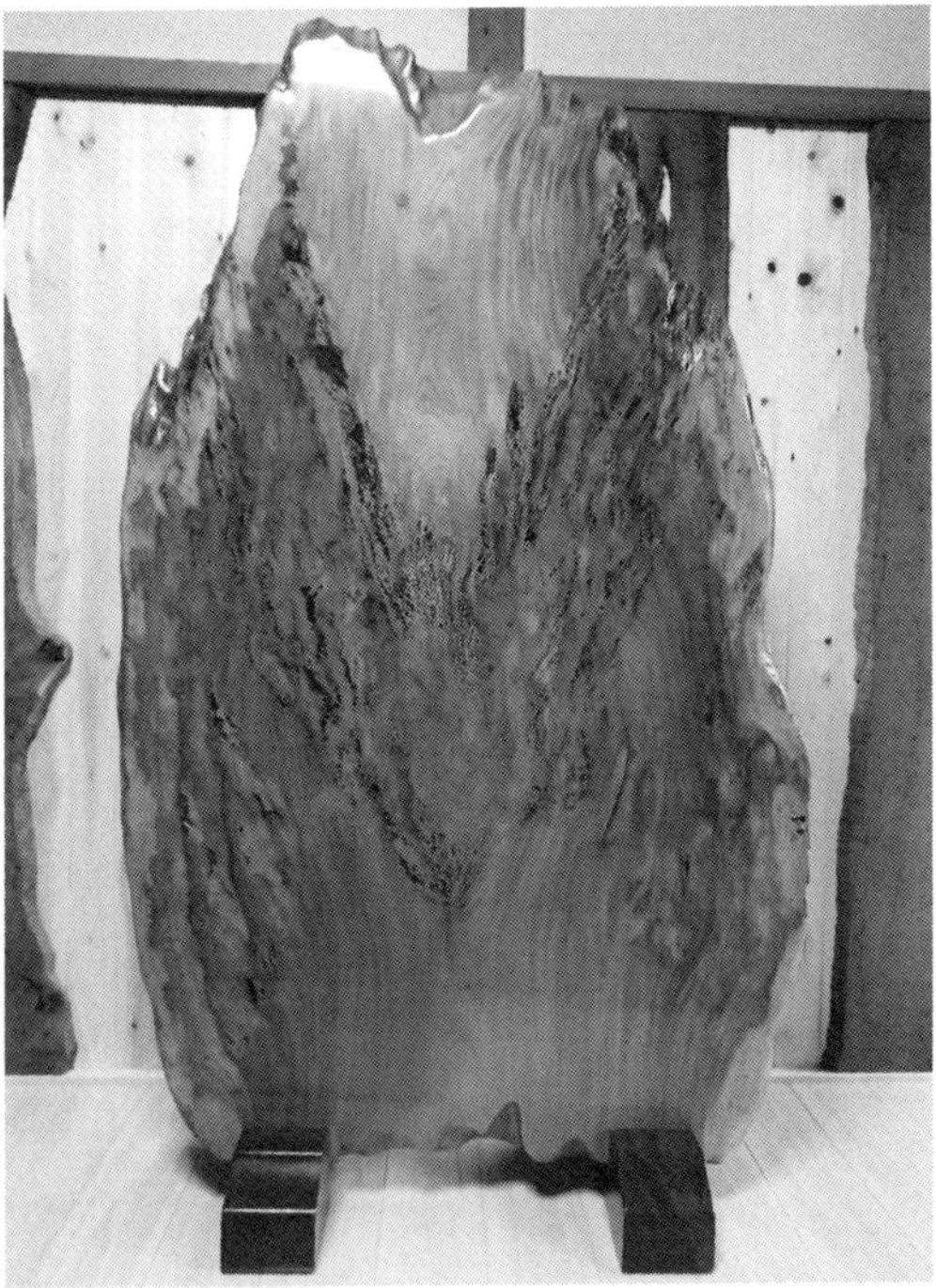

綺麗な杢《もく》目《め》の入ったケヤキ
（推定樹齢180年以上）

高い山の荷上げにはモノレールなども使用します
（土壌保全工等に使用する資材の運搬）

森林環境税について

森林を整備することは、地球温暖化防止のみならず、国土の保全や水源の涵養、地方創生や快適な生活環境など、その効果は国民一人ひとりが恩恵を受けることになります。

しかしながら、森林整備を進めるに当たっては、立木価格や木材価格の下落に高齢化、そして後継者不足などにより森林所有者が森林整備をできない状況にあり、手入れの行き届かない森林が増え、また不在村地主の増加により境界線未確定森林が増加してきています。また、近年は森林整備の担い手が不足していることが大きな問題となってきました。

パリ協定の枠組みの下において、温室効果ガス排出削減目標を早く達成することや、大規模な土砂崩れや洪水・浸水といった都市部の住民にも被害が及ぶ災害から国民を守るには森林の適切な管理及び整備を施工することが必要と判断されました。このため、平成31年度税制改正において、市町村が主体となって実施する森林整備などに必要な財源を目的とした「森林環境税」が創設され市町村が個人住民税と併せて徴収することが決まりました。課税は国民一人当たり年額1,000円です（復興特別枠が令和5年に終わり、令和6年に「森林環境税」に切り替えられて始まります）。

また、市町村から都道府県を通し国に払い込まれた「森林環境税」は、森林整備などの財源に充てられるため国から市町村と都道府県に対し、平成31年から森林の面積割合などにより譲与されます。「森林環境税」の徴収は令和年6年度からとなりますが、森林の状況を出来るだけ早期に改善する必要があるので、平成31年から令和5年までの間は創設時の経過措置をとり借入金をもって対応することが決定されました。

環境省Webページを参考に作成

市町村で使用する「森林環境税」の使途

- ●新たな管理システム
- ●林業事業者とのマッチング
- ●森林の調査、境界確認
- ●契約の締結
- ●森林の管理・整備
- ●森林設備に係る調査や設計
- ●間伐、枝打などの森林整備事業
- ●作業道、作業路の開設、改良、維持管理、また修理
- ●植生保護工の設置（シカ、イノシシ、クマ、サル、アライグマなど）
- ●担い手の育成
- ●地域事業体の労働環境の改善や支援
- ●ボランティアの育成や支援
- ●木材利用の促進
- ●公共施設の木造化
  また、小中学校の机や椅子の木造化
- ●木材物品の調達
- ●国産木材の普及
  （イベント、パンフレットなど）
- ●工務店や材木店への支援
- ●森林環境学習
- ●地域における、植樹祭や育樹祭の支援
- ●地域における学習会や講演会など

林野庁Webページを参考に作成

手入れのされたヒノキ林
若い間伐木はこの様に林内で使用しています

会社有林で枝打勉強会
（スギ31年生）

巻末インタビュー

林業再生への道とは

高山にはヘリコプターで資材を運んでいます
(清川村宮ヶ瀬　地内)

編集部　**もし髙橋さんが県知事や農林水産大臣になったら、林業の再生にどう取り組みたいですか。**

高橋　この質問はこうだから、こうだと答えるのは、なかなか難しいですねえ。そもそも林業は何億円かの予算を投じれば、それが数10年後には何10億円になって返ってくる、という性質のものではありません。林業は、森林資源に話を限っても、スギ・ヒノキ等の山行苗木を植栽してから資源（材木）として利用できるようになるまでには80年～90年近くかかってしまう。いやそれ以上かも知れません。その間は枝落し、間伐などの手間やお金をかけて保育（撫育）作業を続けていかなければなりません。立木の成長には長い歳月が必要となりその年代や時代によって立木・樹木の価値観や値段（価格）なども変化・変動もしてしまうようです。

木材（森林）の本当の価値とは何か。スギ、ヒノキを含めた木材資源（林産物）は、雑誌に例えるならばオマケや付録と同じだと私は思っております。立木は、二酸化炭素を吸収し酸素を放出してくれています。その酸素によって動物や植物などは生命を維持できているのです。また地球の温暖化の防止の一翼も担っています。そして水を蓄えたり、供給もしたりして、動植物の生態系や多様性なども守ってくれています。こうして、私たちは様々な恩恵を森林から享受して命と暮らしが成り立っているのです。これらが森林の持っている最大の働きだと私は思っています。これ以上の働きを森林に要求することは酷すぎるように考えます。あくまでも木材はそうした過程の上に結果として生まれる「オマケや付録」のような（付属の林産物）であるとも、私は考えています。もちろん林業従事者の生活支援策なども必要（大切）ですが、これまたお金だけの問題ではありませんから。

編集部　**水源税や森林環境税についてはどう考えておられますか。**

髙橋　これまで水源税など（名称やそれらの内容は少しずつ異なります）を、各県で森林整備に限って原資として来ました。今後は、森林環境税に一本化するのか、どうするのかそれらの議論が続いているようですが。私としては水源税等（各県独自のもの）は取りやめてしまわない方が、将来的にも良いような気がしますね。苦労して作った税収入であるとも聞き及んでいますし、基本的に森林環境税とは、お金の使い道などが大きく異なります。水源税はそのほとんどが森林整備に当てられていますが、それを取りやめてしまうことによって森林整備の予算が激減してしまいます。現在でも神奈川県では県土の39パーセントを森林が占めていて、水源税による森林整備予算で整備などを実施していますが、それで十分だと私は思っていません。二重課税と言う方たちもいますが、森林に二つの税ですか？　私に言わせると国は森林環境税のごく一部分を森林整備にあて、県は水源税のほとんどを森林整備にあてる、そして市町村はそれぞれの税をもって森林整備を行って、それでいいと私は思っていますよ。たとえば森林整備が森林環境税と県と市町村の一般会計や特別会計の予算だけになると仮定してみますと、森林整備予算がおよそ現在の1／7以下となってしまうようです。その結果として整備が行き届かない森林が増加してしまう恐れも生じて来ます。手入れの行き届かない森林が増加すれば、手遅れ林分も当然として増えてきます。豪雨による土砂災害や山腹崩壊、水害なども現在よりも多発することは確かなものとなってきます。そして手遅れ林分が増加すれば山の神（女の神様で、奥方とも呼ばれています）が怒ってしまい、梅雨時や台風シーズンには人災とも取れるような災害や、被害が多発したりもして、自然の猛威に耐えきる。そのことがとて

山腹の崩落により通行できなくなった
(70数年間一度も間伐作業が施工された様子もなく、私は人災では……、と考えてしまいます。手を入れなければ当然このような状況になってしまいます)

も大変になってくるような気がしますね。犠牲者など出ては困りますよ。お金にはかえられませんね。地球の温暖化なども現在進行形ですが、森林の整備を推進して二酸化炭素をより多く吸収してもらい地球の温暖化の進行を食い止めたり、温室効果ガス対策などにも貢献できるような元気な森林をつくる必要もあります。これらのことは国際社会の中で遅れを取る事がないように、私たちは日々多面的に、そして多方面に注意していく必要があるようにも思えます……ね。

編集部 **経済的な側面ばかりに気をとられてはいけないということですね。**

高橋 ええ。実は最近原発（原子力発電所）の問題にいささか関心を持つようになりましてね。もともと日本は、原発の技術では世界でもトップクラスで海外の国々から、輸入したいというオファーが来ていた、と聞き及んでいます。

しかし一度事故が起きてしまうと廃炉にするのに何10年も、そのうえに費用も何兆円もかかってしまいます。今まで安くて安定した電力が得られているとか輸出で経済に大きく貢献しているとか、そんな話を良く聞かされていたのですが、それらが全部吹き飛んでしまった訳じゃないですか。放射性廃棄物にせよ、地下何百メートルの所に埋めると言ったってね、それで完全に無害になるわけでもない。そもそも埋める場所が決められない。

やはり原発は、長い目で見ると我々人類のためになるとは考えづらいのですよ。ただね、日本のエネルギー政策や経済政策そのものが方向転換しない限りなかなか難しい問題だと思っていますが。ですが人類や地球全体の事を考えれば、自然エネルギーや再生可能エネルギーの活用をもっと推進する方向に舵を切る、そんな必要性もあるように思えますね。日本はとても地震が多い国なのですから……。

私の個人的な意見としては、これからの日本は原発よりもリニア新幹線のような上質な技術を、能力のある人材とともに海外に派遣してノウハウまで伝授するという方向にシフトするべきだろうと。そうすることによって雇用なども生まれて喜ばれるでしょうから……ね。

編集部　**一部では外国人など安価な労働力に頼ろうとする向きもありますが。**

高橋　そう、それが先ほど言った林業従事者の生活をどう保障するのか、という問題につながってくるんですよ。林業の経営者は常にそれらの問題と向き合っていかなければなりません。もう何度も何度も繰り返して説明してきましたが、山の仕事は様々な免許や資格取得も必要ですし、10年以上経験してようやく一人前、いや本当は10年くらいの経験では独立したいと思ってもなかなか無理なんです。我が社の場合、勤続10年前後の従業員が5人いて、なかには25年以上の経験を持つ者もいますが。これを外国人「実習生」に置き換えるなんて、今のところは考えられませんよ。

編集部　**経験の多寡で何が違ってくるのでしょうか。**

髙橋　色々ありますが、最も際立つのは仕事の段取りですね。工期が決まって人件費も決まっている。天気とか様々な要因などが関係してくる中でも工期は動かせません。それが大前提となるわけですが、そこでどう段取りを組めば工期を守れ、1円でも多くの利益や収益が会社に生まれ貢献できるのかなど。

10年の経験だとここの現場の立木や樹木を切って、とか個別の仕事は任せられますが、工事全体の段取りや管理まではねえ。いえ厳密に言いますと25年以上の経験がある者に現場を任せても、要所要所では私が陣頭指揮を執りますよ。やはり社長という以上は会社の業務全てに責任がありますから……。

編集部

林業が高コスト体質にならざるを得ないのは行政が林業に対してあまりにも無理解であるからですか。

高橋　血圧が上がって体に良くないんですけど（笑）。実はね、税務担当者が「山に何千万円ものお金を投資して一体何の意味があるんだ、そのお金はいつ、いくらになって回収できるのか？」と言い出してね、私は言ってやりましたよ。手入れ（間伐）を行わないために土砂災害が起きたら、それを復旧するのに何億円、いやそれ以上の税金が吹き飛ぶんじゃないの。もっと言えばおいしい水や、酸素までもが現金がないと手に入らないなんて、事態を想像してみてほしい。

それらを思えば、税金を投入する意味も、また違って観えてくるのでは？　森林は国土の約70パーセントを占めていて、それぞれの木々が国土と県土、そして国民の命と暮らしをしっかりと守っているんですよ。それに「何とかは元から断たなきゃダメ!!」とよく言われますね。その通りだと思いますよ。

元と言われている森林などの整備を推進して、地球の温暖化を食い止め、持続可能でかつ強靱な森林に誘導して行く必要があります。それに山林や森林などにも感謝の気持ちや、思いやりなども必要となりますよ、立木などは働き通しなのですから……。

編集部　**髙橋さんが県知事や農林水産大臣になったら、というテーマに戻ってお話を伺いたいと思います。**

髙橋　そうですね。自分が県知事なり農林水産大臣になったら、でしたね。山林や森林に関する「法整備」と地道な「広報」に力を入れたいと思っています。

例えば山歩きなどをしていた時に、幹や枝等が折れて落ちてきてケガをしたとします。この場合の責任の所在がまったく明確ではないのです。原理原則から言えば森林には必ず誰か所有者がいるはずで、国であったり県や市町村であったりする場合も多いのですが、そうなると今度は他人の所有する森林に勝手に入ったことにならないのか、みたいな話になる。森林の所有者に法律等で整備する義務を課しておけば、こういった事故そのものを、もっと減らせるのではないのかな、と思ってしまいます。

特に近年は森林や樹木（立木、竹林など）に関連した、様々な、そして色々なトラブルが全国各地で起きてしまっているのが現実です。何でもかんでも法律で、と言うのはいかがなものかと思いますが、最低限の法律は必要となってくるのではないでしょうか。やはり森林所有権から林業従事者の問題に至る現行法の体系を、見直す必要性もでてきていますね。県知事や農林水産大臣では不十分で総理にならないと（笑）

編集部

地道な広報というのはどういうことでしょうか。

高橋

小学校でピクニックなども実施しているようですが、最近では農業体験なども広まってきているようです。

ですが林業体験というのはあまり耳にしませんね。緑の少年少女隊とかは聞いた事もありますが。

私は小学生にチェーンソーを持たせて木を切らせよう、なんて言っていませんよ（笑）。例えば、森林内の小川でアユやマスのつかみ取りなどにチャレンジしてもらい、その時に子供たちに教えるのです。こうした綺麗な水は降った雨水が一旦地中に浸透し、森林土壌によって一旦蓄えられ、長い時間をかけて濾過され小川に湧き出している。そして下流のダムまで流れていき、私達の飲料水や農業用水、そして水力発電などに利用され、私達の生活を支えているのだ……。と教えることによって少しずつ森林・林業に関心や興味を持ってもらうことから始めるのです。私は中学校を卒業してから林業（森林）を学びましたが、小学生の低学年生より自然や森林などと触れ合ったりすること、そしてそれらを学ぶ必要性もあるように思えます。私は人間形成の上からもこれらのことがとても大切だとも考えています。また森林や林業に関心や興味を持った人々を増やすことも大事だと考えているのです。

それと林業従事者が、全盛期の1／3まで減ってきている。全国で約4万5千人では、私は少なすぎると思います。その原因や要因がどこにあるのかを真剣に考えたなら、自ずからやるべきことは必ず見えてくるはずです。昔から広い裾野がないところには高い頂上もないと言うのではないですか。本当にその通りだと思いますよ。

編集部　チェーンソーの話が出ました。あれはホームセンターなどでも売っていますが、仕事で使うとなると難しいものですか。

高橋　ええ一口に立木、樹木を切ると言っても、勢いよく切り倒した方がよいのか、それともゆっくりと切り倒すべきか、樹形や樹高、そして径級や枝の太さや枝張りなど、その時々の状況によっても大きく変わってきます。受け口（木を倒すとき、伐倒方向側に作る切り込みのこと）の作成方法なども立木によって全部変えていかなければなりません。普通に切った場合はどちらに倒れるのか、立木の重心はどっちなのか、チルホールなどの機材、またクサビなどの山道具を使った場合はどうなのか、など多方面から総合的に考えて一番安全で（リスクも低く）仕事が早いと思われる方法で作業を進めます。私たちは一般的には立木を斜め横方向、なるべく等高線に沿って倒すようにしています。そうしないと後の処理も大変ですし、そうするほうが伐採する立木も痛まないのです。またそうしたことができるようになるまでには5年から10年はかかってしまうのです。人によって個人差もありますが、おかしなことを言うようですけど、チェーンソーを使いこなすまでに何台も駄目にするような者が、かえってよい職人になったりもする。また切り株のツル（立木を伐採するとき、受け口の反対側から平行に切り込み（追い口）を入れると木が傾いて倒れます。そのときに伐倒方向を制御する為に一定の幅を切らずに残します。この部分をツルと呼びます）が多いの少ないの、またツルが長いの短いのと言う方もいますが、それらの事柄について問題視する方に問題があるように、私は思ってしまいます。

またスギ、ヒノキなどは、人間の顔立ちや体型と同じで、少し似たような立木は5000本から10000本に1本くらいはあるか、とも思いますが、同じ樹形や形状の立木・樹木はあるかも知れないけども、私は見たことがありません。ですから林業の中でも特に伐採作業は多くの経験や体験が必要となってくる特殊な作業なのです。一本一本切るその手には、立木・樹木にも魂が宿っていると言われていますが、職人たちはそれ以上の魂を込め、そしてより以上の気持ちを込めて立木・樹木にお願いして切ることになります。それらの思いが伝わらない時には伐採している立木や樹木が暴れてしまい事故や災害につながる可能性が高くなると私は思っています（立木の命を断つのですから……）。立木と樹木にも思いやりと優しさ、そして心くばりなども必要となります。

林業は労働災害が他の職種から比べてみても群を抜いて多いと言われています。平成25年度の統計で見てみると、死傷年千人率は全産業の平均で2・3となっていますが、林業は28・7と10倍以上も高くなっています（厚生労働省資料より）。中でもチェーンソーの事故は、皆さんが思っているより遥かに多いと思えますし、事故の

丸太柵工
（大磯町高麗　地内）

話までしなくてもプロが１００本切る時間帯に新人たちは30本も切れないのです。ですから、ベテランの指導員が新人の従業員のすぐそばで、または一緒に作業して新人従業員たちに技と心意気を伝授するということになってきます。４年間くらいですが（個人差もあります）、この期間の指導がとても大切です。危険な作業をしようとしている時、まったく本人は危険とは気付いていない事が多くあり、熟練従業員は、新人と一緒あるいはすぐ近くで作業することにより新人の危険作業を見逃すことなくチェックができて、事故や災害を未然に防ぐことができているようです。そうした指導の積み重ねで技術の研鑽なども図られているように思います。このように何年間もかけて一人前に育てるのです。指導する先輩（指導員）たちは本来の作業量を施工することができません。ですが仕方がないのです。このように新人を育てるということは、どこの職場でもどんな仕事でも同じだと思いますが、とても大変なことなのです。そのようにしてようやく一人前になりそうだと思った者たちが、やっぱり林業は……。と言って退職してしまう時は本当につらいのです。

例えば次のような現場も多々あります。伐採作業（間伐）で、設計では特殊作業員30人の現場がありました。通常では3人位で伐採作業を進めていきますが、伐採の支障となる工作物があり、壊さないよう万全を期してチルホール等の機材（かかり木となった立木・樹木の処理や障害物がある場合に使用する特殊な機材）や小道具などを使用して5人で作業を進めることにしました。しかしヒノキ林のため枝なども多くまた枝条などもねばりが強く折れないために通常よりもかかり木（伐倒木が他の立木などに、もたれかかり倒れなくなった状態）が多く発生してしまい、それらの伐採木を取り外す作業にも複数人で対応したり、さらに多くの手間と時間がかかってしまい、結果として設計の2倍近い人工数がかかってしまった、ということが現場では実際に起きてしまいます。

このような現状のどこに問題があって、どうすればその差を埋めていけるのか、またどのようにすれば設計書通りの人工数で作業を完成させることができるのかという事が私に課せられた宿題となってきているようです。

編集部 **林業経営者の人たちが、みんなで改善を要求していけば、なんとかならないものでしょうか。**

髙橋 全国の親方たちが問題点に気づいているということが大前提となります。しかし実情としては、仕事をきちんと教えることの価値、大切さに気付いていない方たちも意外と多いと思います。私の知っている限りです……が。

経営者にしてみれば、仕事の急所を教えた途端に辞めて、同業他社に行って、もっとよい給料を貰おうとするかも知れない、独立するかも知れないという心配があるのでしょうか？

私の父親は35歳までは大工で、それ以降は農業でした。父親の口癖は仕事は「教わるもの」ではなくて、「見て覚えるもの」、「先輩の仕事を盗んで覚えろ」でした。父親の教えの通り、そうした考えで私も指導してきました。ただ今の時代、それでは職人は育ちません。私はそこにいち早く気づいて、とにかく仕事の急所をはっきりと、分かるまで教えてやるという方法に改めました。

編集部　**高橋社長の教え方は、かなり厳しいと聞きますが。**

高橋　厳しい、という言葉の解釈にもよりますよ。

たしかに私は従業員を大声で叱ることで有名です（笑）。これまた他社の経営者たちは叱ったら次の日から来なくなる（退職してしまう）みたいに思われている方も多いようにも見受けられます。でも「叱ってあげる」ということはイジメとはまったく違って、これまた何度も強調してきましたが、山での作業は常に危険と隣り合わせの作業なのです。大声で叱られてハッとして慌てて基本に戻る者も多いようです。時には「さとして」あげることも必要となってきます。気合も、喝も、ゲキもたまには必要です。ある意味では褒めてあげることも大事なことなのです。私からしてみると大切な息子さんを預かっている以上、体に傷を付けることがあってはならないと常に思っています。ですから事故に直結しかねないミスは大声で叱ります。それで辞めてしまうなら仕方がないのです。

そういった覚悟を持って10年前から指導してきて、今、ようやく人材が育ってきている。もちろん叱った分のケアもしていますよ。仕事の上で何か悩んではいないのか、生活は大丈夫なのか、そういうケアだけでなく皆でカラオケに行ったりもする。それらもある意味でまた大切なことだと考えています。なので、こんな私についてきてくれた従業員も偉い。やはり従業員は一人ひとりが我が子同然ですし、私にとっても会社にとっても、大事なそしてとても大切な宝もの。さらに言えば、国の大事な宝ものでもある訳ですから。

編集部
髙橋さんご自身についての質問です。休日の過ごし方や趣味について教えて下さい。

髙橋
まあ、ありきたりですね。パチンコ、競馬、あと趣味と言えるのはドライブかな。ただねえハンドルを握っていても、つい仕事のことを考えてしまうんです。エンジンをかけて車を発進させたところで頭の中を一度リセットできますから。

私から言わせれば車は一戸の家と同じで車内は部屋と同じです。一人だけの静かな空間でもあり、雑音が入らなくて考えがまとまりやすいところなのです。パチンコをしていても始めは眼で玉の動きを追っていますが、いつの間にか仕事のことを考えている。仕事中毒と言われればそうなのかも知れませんが、中小企業の社長さんは皆似たり寄ったりではないでしょうか。

　あと競馬ですか。うん……。運否天賦みたいなところがありますね。私はその時のヒラメキで馬券を買っていますが、たまには当たりますよ。私にとって熱くなり夢中になれる遊びのひとつです。

　夢とロマンを追い（買い）続けながら天国、そして地獄も味わって、波乱万丈で私の人生とよく重なり合っているように思いますよ。

　天皇賞や有馬記念のような大レースもありますが、競馬事業は農林水産省が所管となっているため、農林水産大臣賞のレース（農林水産省賞典）などもあり、農業、林業、水産業の関係者にとっては、他のレースとはまた違った意味での楽しみ方もあるように思えますね。

　たしかに71歳を過ぎますと、いつまで仕事を続けられるものかといったことはよく考えます。これまた山での作業と一緒で、危ないなと思ったら素早く下山ということも大切だろうと思っています。たとえ現場を離れても、日本の林業を再生させるためにできることはあるだろうと思ってますしね。山で死にたいなどとは思いませんが、死ぬまで山とともにありたい、とは思い続けていますよ。

思い付くままに、考えつくままに、そして思いのままにペンを走らせてみました。読みにくいところや理解しがたいところ、気になるところ（良くも悪くも）などもあったことと思いますが、皆さま方の少しでも参考になり、お役に立てたならこれほど嬉しいことはありません。最後までお読みいただきまして、本当にありがとうございました。

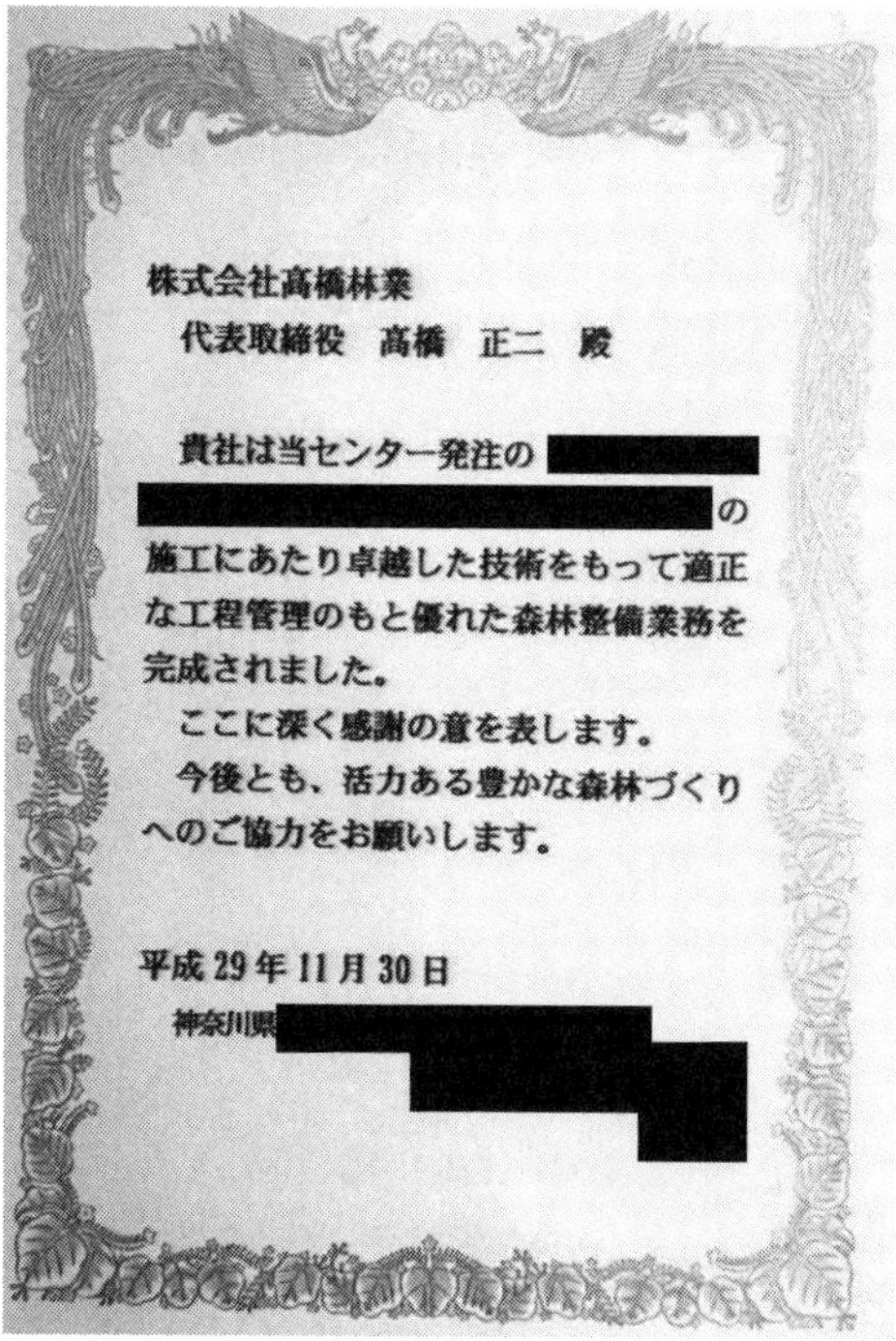

株式会社高橋林業
代表取締役　高橋　正二　殿

貴社は当センター発注の[redacted]の
施工にあたり卓越した技術をもって適正
な工程管理のもと優れた森林整備業務を
完成されました。
ここに深く感謝の意を表します。
今後とも、活力ある豊かな森林づくり
へのご協力をお願いします。

平成29年11月30日
神奈川県[redacted]

請負金額　：23,857,200円
工期　：平成28年8月29日～平成29年2月28日
発注者　：神奈川県
受注者　：株式会社高橋林業　代表取締役　髙橋 正二
現場代理人：國方 昇一
主任技術者：髙橋 研吾
評定点　：82点

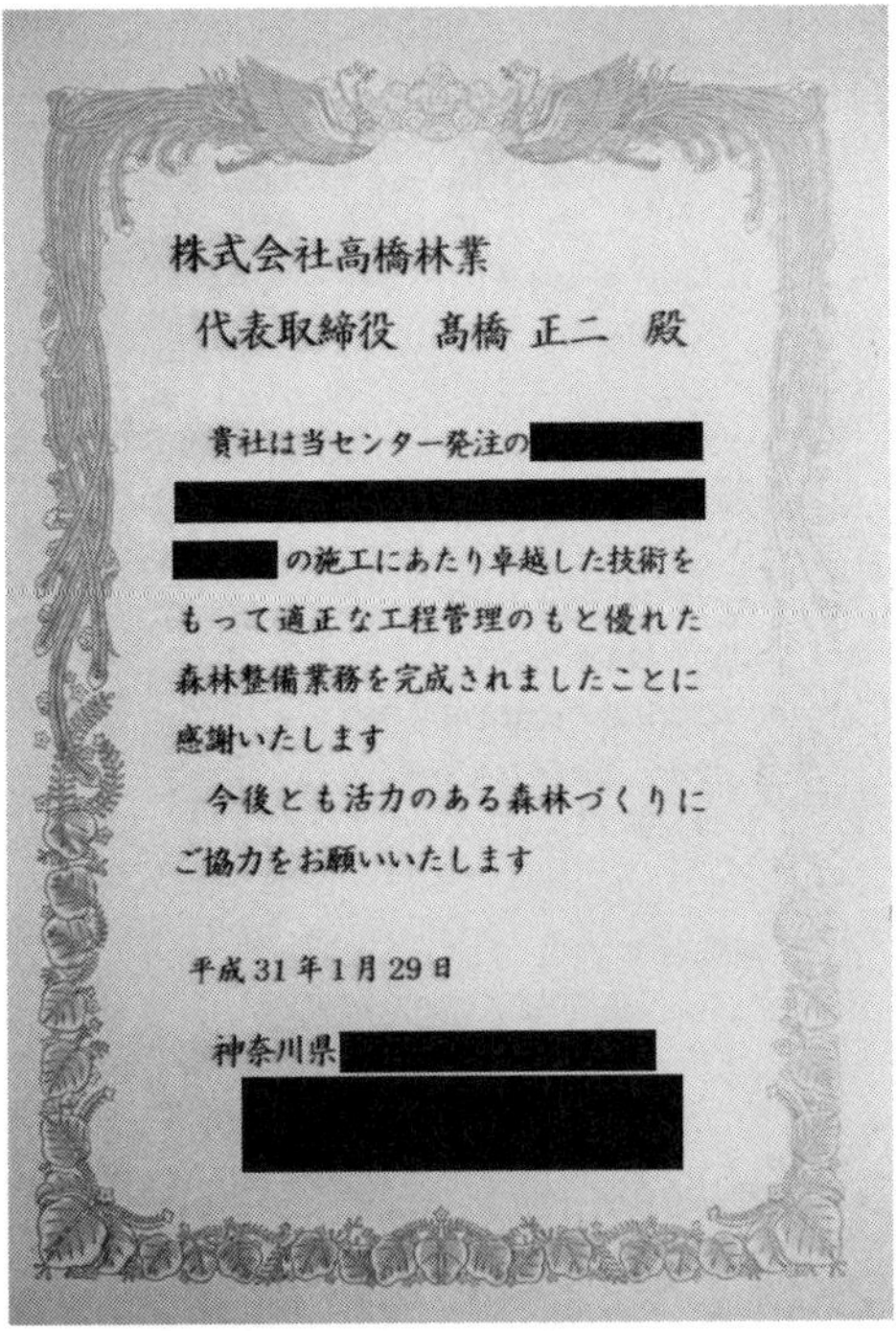
株式会社高橋林業

代表取締役　高橋 正二　殿

貴社は当センター発注の[redacted]の施工にあたり卓越した技術をもって適正な工程管理のもと優れた森林整備業務を完成されましたことに感謝いたします

今後とも活力のある森林づくりにご協力をお願いいたします

平成31年1月29日

神奈川県[redacted]

請負金額　：25,920,000円
工期　　　：平成29年7月24日～平成30年1月22日
発注者　　：神奈川県
受注者　　：株式会社高橋林業　代表取締役　髙橋 正二
現場代理人：杉本 直一
主任技術者：佐藤 圭
評定点　　：81点

第2号様式

令和3年1月26日

株式会社 高橋林業
代表取締役　高橋　正二　様

神奈川県[redacted]
所　長[redacted]

業務成績評定通知書

貴社が受注した業務について、神奈川県森林整備業務成績評定要領に基づき評定した結果を次のとおり通知します。

なお、評定の結果に疑問があるときは、[redacted]に対してその疑問の旨を付して、この通知書を受理した日から起算して14日以内に書面により説明を求めることができます。

疑問の旨に対する説明は、書面により行います。

説明を求める場合の手続き等については、下記までお問い合わせください。

記

1　業　務　名　　令和2年度[redacted]

2　業務箇所　　足柄上郡山北町中川地内

3　工　　期　　令和2年7月7日　～　令和3年1月15日

4　検査年月日　　令和2年12月21日

5　評　定　点　　84点

6　手続き等の問い合わせ先
（　住　所　）[redacted]
（事務担当課名）[redacted]
（電話番号）[redacted]

請負金額　：23,969,000円
工期　：令和2年7月7日～令和3年1月15日
発注者　：神奈川県
受注者　：株式会社高橋林業　代表取締役　髙橋 正二
現場代理人：岸 秀太
主任技術者：髙橋 研吾
評定点　：84点

〈著者紹介〉

高橋 正二（たかはし しょうじ）

株式会社高橋林業　代表取締役

神奈川県出身。山梨県庁で30年間、林道の設計や測量に従事。退職後、帰郷し、森林組合の参事を2年間務めて、林業への知識を深める。49歳で独立し「高橋林業」設立。経営基盤の強化と手厚い福利厚生の充実を図り、人材育成にも注力。林業のイメージ刷新に意を注ぐ。

幻冬舎ルネッサンス新書　222

全部《ぜんぶ》、山《やま》が教《おし》えてくれた
—林業《りんぎょう》のこれから—

2021年４月14日　第１刷発行

著　者　　高橋正二
発行人　　久保田貴幸

発行元　　株式会社 幻冬舎メディアコンサルティング
〒151-0051　東京都渋谷区千駄ヶ谷4-9-7
電話　03-5411-6440（編集）

発売元　　株式会社 幻冬舎
〒151-0051　東京都渋谷区千駄ヶ谷4-9-7
電話　03-5411-6222（営業）

ブックデザイン　田島照久
印刷・製本　中央精版印刷株式会社

検印廃止

ISBN 978-4-344-93369-9 C0295
幻冬舎メディアコンサルティングHP
http://www.gentosha-mc.com/